你好，
我的白发人生

长寿时代的心理与生活

Hello, My Later Life

Psychology and Life in the Age of Longevity

彭华茂　王大华　编著

机械工业出版社
CHINA MACHINE PRESS

图书在版编目（CIP）数据

你好，我的白发人生：长寿时代的心理与生活 / 彭华茂，王大华编著 . -- 北京：机械工业出版社，2022.5（2024.3 重印）

ISBN 978-7-111-70474-4

I. ①你… II. ①彭… ②王… III. ①老年心理学 IV. ① B844.4

中国版本图书馆 CIP 数据核字（2022）第 053689 号

你好，我的白发人生：长寿时代的心理与生活

出版发行：机械工业出版社（北京市西城区百万庄大街 22 号　邮政编码：100037）

责任编辑：李双燕

责任校对：殷　虹

印　　刷：北京建宏印刷有限公司

版　　次：2024 年 3 月第 1 版第 5 次印刷

开　　本：130mm×185mm　1/32

印　　张：9.25

书　　号：ISBN 978-7-111-70474-4

定　　价：59.00 元

客服电话：（010）88361066　68326294

前言

整合与完满

虞美人·听雨

【宋】蒋捷

少年听雨歌楼上，红烛昏罗帐。
壮年听雨客舟中，江阔云低、断雁叫西风。

而今听雨僧庐下，鬓已星星也。
悲欢离合总无情，一任阶前、点滴到天明。

　　读到蒋捷的《虞美人·听雨》时，恰值我处于一个反思自我的阶段，一时间感慨良多。换作年少时读这首词，虽无红烛与罗帐，但我的心境却恐与词人描述的类似，且尚不能体会词的后半段所表达的意境。如今虽未及年老，但多年从事老年心理学研究，再加上中年逐渐走向心理上的自洽，总算开始理解"悲欢离合总无情"的蕴意。中国古诗词对岁月的感悟，于无形中印证了发展心理学家埃里克·埃里克森（Erik Erikson）提出的生命全程发展的八阶段理论，而其中作为成年期最后一个阶段的老年期的整合与完满，正是本书围绕论述的主题。

埃里克森认为，老年人要面临的核心发展任务是对自己的一生形成一个整合的认识，接纳所有的成就与缺陷，从而达到自我的完满状态。从这个角度来看，我们大多数人对老年期这一生命时期大大低估了，既低估了它在生命全程中的重要性，也低估了老年人作为更加成熟的个体在社会中的价值。老年心理学研究正希望通过对老年期进行客观、全面、系统的研究，来修正这种偏见。当下，我们国家已进入老龄化社会，"积极应对人口老龄化"成为国家战略。积极应对老龄化，需要整合国家政策、企业机构、社会舆论、个人等多个层面的应对举措，老年心理学的研究自然也在其中。本书挑选了有关老年人的认知、情绪、态度、人际关系、生活方式等方面的研究，希望能对老年期和老年人做一些深入的刻画，也希望能为我们每个人的高质量晚年生活有所建言。

　　人们之所以对"衰老""老年"有比较负面的印象，大约缘于老年期比较明显的生理和认知功能衰退的现象。老年人的认知功能随着年龄增长而下降，是不争的事实，但并非唯一的事实。一方面，老年人的记忆、反应速度、注意力等基础认知功能在下降；另一方面，老年人的决策、洞察力、问题解决等复杂认知能力仍在保持甚至增长。此外，个体之间存在很大差异，个人的态度、观念、策略在保持认知功能方面起着很重要的作用。老年人的认知功能仍具备可塑性，通过积极的认知锻炼，多从事一些较为复杂的认知活动，比如阅读、下棋、演奏乐器、跳舞等，老年人是可以改善自己的认知功能的。

　　当人们把目光集中在老年期"衰退"的一面时，可能会忘记老年人也是成熟的成年人，他们同样有自己的喜悦与悲伤、雄心与理想、愿望与诉求。随着生理和认知功能的衰退、人际关系网络的缩小、社会资源的减少，老年期是不是注定成为一段日渐悲观沮丧的时期？心理学研究得到了出人意料的发现：老年人往往比青年人有更强的幸福感、更高的生活满意度、更积极的情绪体验。这是近年来有关老年人情绪、生活感受研究得出的几乎一致的结论。社会情绪选择理论认为，这与老年人在生活中以调节自身情绪、获取积极体验作为优先目标有关。我个人认为，这也是老年人在生命发展过程中，自然迈向自我整合的表现之一。当我们对自己与他人、社会的关系有更加清晰的认识，对自身生活中的优先事务有更明确的安排，对生命价值有更广阔的理解时，生命的质量也会随之提升。

研究发现老年人有更积极的情绪体验，同时也发现老年人会体会到焦虑、孤独、抑郁等消极情绪。为了提升心理健康水平，减少情绪问题，来自家庭、朋友、社区的人际支持是必不可少的。就日常生活状态而言，家庭人际关系是老年人最重要、最核心的人际关系。在家庭圈之外还有朋友和其他社会关系，无疑是"锦上添花"；而当家庭关系缺失或者不足时，朋友、邻里、社区等社会关系就是"雪中送炭"。大量研究已发现，来自家庭内外的社会支持越多，支持资源越丰富，老年人的生活满意度、主观幸福感、心理健康以及整体精神状态等方面的结果就越正向。也就是说，老年人要"有人爱"。这是从老年人作为接受者这个角度总结出来的。近年来，随着"积极老化"观念的提出，研究发现老年人自身的主动性可能起着更大的作用。例如，老年人是如何看待老年期生活的（老化态度），老年人如何参与家庭和社会事务（社会参与），老年人是否有自己的兴趣爱好等，都与老年人的生活质量密切相关。老年人在"有人爱"的同时，更需要"有事做""爱别人"。

实现自我的整合与完满，也包含着调整对衰老和死亡的态度。哈佛大学的心理学教授艾伦·兰格（Ellen Langer）说"衰老是一个被灌输的概念"，意指我们不该对变老抱持固有的刻板印象，比如认为老年人是虚弱、需要帮扶的，衰老是必须被抵制和摒弃的想法等。研究发现，这些消极的刻板印象会给老年人的身心健康带来负面影响。打破各种关于老年期的刻板印象，对生命有更加灵活和有弹性的体认，会有助于自我的成熟。这种成熟也将折射进我们对死亡的态度中。国内外的研究都发现,老年人对死亡抱有更多的接纳、更少的恐惧,这大概与体会到"也无风雨也无晴"的旷达有关,也与生命的圆满有关。

本书由北京师范大学发展心理研究院老年心理实验室的微信公众号"北师大老年心理实验室"的科普文章整理而成。这个微信公众号由我的同事即同实验室的亲密战友王大华教授和我共同发起、设置和运营。我们之所以开设这个公众号,就是有感于社会对老年群体了解较少、关注较少,有关老年人心理的科学知识被介绍得太少这样的现象,希望更多人能通过我们对一些研究的介绍来理解老年人。公众号自2015年开设,至今已推送逾500篇科普文章,内容涉及老年人的认知、情绪、信念态度、人际关系、生活方式等各个方面。感谢华章心理的刘利英女士和向睿洋先生的积极策划和推动,帮助我们从公众号文章中选取了140篇加以整合,形成了本书的结构。本书包括五部分,分别涉及老年人的认知特点、心理需求和幸福感、家庭生活、生活方式、临终和死亡五大方面。我们希冀能让读者在认识老年人、理解老年人的基础上，走近老年人的生活，从中得到些许关于如何让我们自己优雅地老去的线索，从而对生命全程有一点思考。在这些文章里，我们介绍了相关的研究，也尽量提供了一些实际可行的应对措施和途径，希望能在告诉人们"是什么"和"为什么"的同时，也为"怎么做"提供一点思路。文中所涉具体研究，均参考了正式发表的研究论文。但囿于所有科学研究均有局限和不足，文中陈述的一些研究结果和结论可能难以覆盖所有具体情形。如果读者认为部分内容与自己经历的实际情形不符，欢迎在我们的公众号下留言探讨，也特别欢迎读者批评指正和提出建议。

公众号文章由历年来实验室的硕博士研究生撰写，也有非常热情的本科生参与撰写。本书的整理和修改由以下几位优秀的硕博士研究生完成，他们是刘雪萍、金梦菡、高林、徐慧、强袁嫣、怀淇琛、梁轶敏、侯雅莉、荀佳伟。感谢他们辛勤高效的工作，在这么短的时间内完成了整本书内容的整理。

王大华教授除了帮助我完成整个书稿的架构设计和文章内容的修改指导外，也常常和我一起讨论何谓人生的整合状态。人和人之间能够深入交流的话题并不同，更遑论在专业工作领域。有挚友如斯，余生幸也。

再次感谢机械工业出版社的编辑，无论是策划，还是启动工作，抑或是书稿修改意见的反馈，都是极具效率和具体切实的。没有他们的付出，这本书可能根本就不存在。

日前，小儿因为学校的考试题目来问我"人口老龄化"的问题。在和他的讨论中，我再一次深刻感受到这是一个全社会、全系统的复杂问题。面前这小小少年竟也发出感慨："原来您的工作这么有意义。"如果说我们的研究和社会服务工作是在播撒粒粒种子，那么本书就是这些种子萌生出的小小嫩芽。畦土半亩，幼芽始生，相信它终将成为毕生发展的精神花园。

彭华茂

2022 年 2 月

前言　整合与完满

第一部分
认识老年人：认知能力发展

第1章
老了，脑子就会糊涂吗
老年期的认知发展　/4

老年人的智力不如年轻人吗　/5
变老后大脑会发生什么　/7
变老就是各方面能力直线下降吗　/9

第2章
脑海中的"橡皮擦"
记忆的流逝　/16

老了就会记不住事吗　/17

抱怨记忆力下降是怎么回事　/21

阿尔茨海默病　/24

如何抵御记忆的流逝　/29

第 3 章

智慧保卫战
老年人如何保持认知健康　/33

"粮草"先行：打牢身心基础　/35

关键之战：锻炼认知能力　/38

锦上添花：学习新鲜事物　/42

第 4 章

理性睿智还是冲动易变
老年人的决策　/49

生活何处需要做决策　/50

摇摆不定的原因　/56

成为"理性人"的秘籍　/61

第二部分
理解老年人：关注心理感受

第 5 章

当你老了，会幸福吗
老年期的幸福感　/71

幸福感变化的 U 形曲线　/72
老年人幸福的秘诀　/73
老年人如何变得更幸福　/75

第 6 章
朝花夕拾
怀旧的意义　/81

好汉也提当年勇　/82
忆往昔，展未来　/85
涸于过去亦有弊　/88

第 7 章
多希望有人陪
应对晚年的孤独　/93

孤独对晚年生活的影响　/94
家庭与社会带来的孤独　/97
走出孤独，拥抱幸福晚年　/98

第 8 章
不只是健康长寿
老年人的心理需求　/104

老年人内心深处的需求　/105
爱与温暖：联结的需求　/106

做自己生活的主人：自主的需求　/107
做好小事不简单：能力的需求　/110

第三部分
走进老年人的生活 I：家庭

第 9 章
吵架归吵架，心里还是你最好
夫妻关系　/122

是堡垒，也是温床　/123
鸡毛蒜皮，争吵不休　/126
老年夫妻沟通的特点　/128
老年夫妻如何好好说话　/131

第 10 章
与子女的那些事
亲子关系　/135

亲子相处怎么这么难　/135
化解亲子冲突　/137
亲子之间如何好好说话　/139
如何与父母谈钱　/141

第 11 章
祖孙情，爱相随
祖孙关系　/148

孩子的爸妈去哪儿了　/149
隔代抚养的利弊　/151
正确看待隔代抚养　/157

第四部分
走进老年人的生活Ⅱ：快乐生活

第12章
生命的两剂良药
友与学　/168

交友：拓展生命的宽度　/168
终身学习：挖掘生命的深度　/173

第13章
让"心情"荡起双桨
老年人的情绪　/183

老年人常见的消极情绪　/184
如何应对焦虑　/187
积极情绪何处寻　/190

第14章
拆掉互联网"围墙"
老年人与互联网　/199

老年人上网与众不同　/200

老年人上网益处多多　/202
老年人上网阻力重重　/205
如何助力老年人跨越数字鸿沟　/207

第15章

老年人防骗攻略
防止老年人上当受骗　/213

为什么受伤害的总是老年人　/214
如何不被情绪与环境裹挟　/217
全家一起帮助老年人　/219
法律和技术为老年人保驾护航　/222

第五部分

优雅地老去：走好下一段旅程

第16章

年老并非日薄西山
老化刻板印象　/229

看待老化的"有色眼镜"　/229
"老了不中用"的想法从何而来　/230
衰老是被灌输的　/233
如何正确面对老化　/235

第 17 章

你想怎样老去

成功老化的秘密　/240

理想中的晚年生活　/241
通往成功老化的未来　/243

第 18 章

生的反面与生的补充

如何看待死亡　/252

我们都有的死亡焦虑　/252
老年人眼中的死亡　/257
在死亡之下体味生活　/260

第 19 章

与君同舟渡

终点与别离　/263

丧失　/263
临终　/265
圆满　/270

第一部分

认识老年人

认知能力发展

———

随着年龄的增长，认知功能和生理功能的下降是最明显的。每当谈及老年人的认知功能时，"认知功能普遍下降""老年痴呆"是很多人脑中最容易想到的内容。老年人认知能力发展的事实究竟如何？

本部分将围绕老年人的认知功能展开几个方面的介绍。首先，人老了之后，认知功能衰退是普遍的吗？也就是说，所有的认知能力、所有老年人的认知能力一定都会衰退吗？从生理上讲，大脑自身的衰退是必然的，比如皮质萎缩、大脑神经元的连接失效，但衰退的同时，大脑功能也会发生补偿性的变化，进而反映在行为上。因此，认知功能未必会全然衰退。此外，人与人之间存在差异，老化轨迹会有不同的发展模式，因而也不是全员普遍衰退。这些内容都可以在第1章里了解到。

在增龄过程中，记忆衰退是最显而易见的现象。其实，我们的记忆系统非常复杂，其随年龄变化的模式也并非全然衰退。我们的态度、观念、策略等对记忆衰退有很重要的影响。第 2 章探讨的阿尔茨海默病就是一种以记忆衰退为主诉症状的疾病，面对阿尔茨海默病患者，除了要让他们参与一些涉及认知功能的活动外，关注他们的情绪情感和需求，可能是当下更为有效的照料方式。

老年人的认知功能下降后，人们自然会想有没有什么办法减缓衰退，甚至抵抗衰退。学界已经开展了很多有关老年人认知训练的研究，第 3 章会对这些研究以及具体的方法进行介绍，希望能对读者有所帮助。

最后，我们关注的是，老年人的基础认知能力下降了，这会影响他们的复杂认知能力，比如决策吗？通过阅读第 4 章，读者会看到，越是高级、复杂的行为，在其中起作用的因素就越多。老年人的决策行为特点，可能并不像人们想象中的"脑子糊涂了决策就会很差"那么简单。在决策中如何避免认知能力下降产生的不利影响，充分发挥老年人的经验和智慧，也是值得我们关注的话题。

第 1 章

老了，脑子就会糊涂吗

老年期的认知发展

刘雪萍　整理

———————

一提到"老年人"，人们的脑海里往往会浮现一些典型的行为：反应变慢，容易忘事情（比如常常忘了钥匙、遥控器等放哪儿了），在菜市场算不清萝卜青菜的价钱，很难学会使用微信等聊天工具，甚至出门后找不到回家的路……如此种种，似乎很符合人们对老年人的印象，那么，为什么我们会对老年人有这样的印象呢？这可能是因为我们心里都认同"老了，脑子就会慢慢变得糊涂"这一观点，用更加学术一些的话说就是"认知能力会随着年龄增长发生普遍衰退"。事实果真如此吗？

老年人的智力不如年轻人吗

在人的一生中，智力是有一定的发展轨迹的。无论根据何种智力理论，使用哪种智力测量工具，关于儿童青少年智力发展的结论都趋于一致：随着年龄的增长，智力水平会不断提升。但进入成年期，尤其是老年期后，人的智力又会如何变化呢？

在了解智力发展变化的轨迹之前，让我们先了解一下如何测量智力。美国心理学家雷蒙德·卡特尔（Raymond Cattell）把智力划分为流体智力和晶体智力。流体智力是以神经生理为基础（会随着神经系统的成熟而增强，随着神经系统的衰退而减弱）、相对不受教育与文化影响的智力，如知觉速度、机械记忆、图形识别等。晶体智力是需要经过教育培养、通过掌握社会文化经验而获得的智力，如词汇概念、言语理解、常识等。

流体智力和晶体智力随着年龄的增长会发生怎样的变化呢？卡特尔及其同事约翰·霍恩（John

Horn）通过研究发现，在个体的生命全程中，流体智力与晶体智力会经历不同的发展轨迹：青少年期以前，两种智力都随年龄增长而不断提高；青少年期以后，特别是成年之后，流体智力会缓慢下降，晶体智力则会保持稳定，甚至可能有所增长。所以，年轻人比中老年人处理信息更快、记忆能力更强，但中老年人在理解、分析复杂问题或专业领域问题以及常识方面可能更胜一筹。

目前较为合理的一种解释是，流体智力与中枢神经系统机能之间的关系较紧密，在变老过程中，中枢神经系统的结构发生了退行性改变，机能减退，流体智力也就自然下降；反之，晶体智力受社会文化和教育的影响较大，由于社会环境影响和经验积累，晶体智力在老年期依旧能够保持相对稳定。

大脑是中枢神经系统的高级部位，我们说中枢神经系统会随着变老发生退行性改变，那么，随着年龄增长，大脑具体会发生怎样的变化呢？

变老后大脑会发生什么

要理解一个人老了之后，大脑会发生怎样的变化，就要先初步了解一下大脑的两个重要成分：灰质（分布在大脑表层，看起来颜色深）和白质（分布在大脑内部，看起来颜色浅）。大脑灰质主要由神经元细胞组成，不同区域的灰质执行不同的功能。大脑白质则是连接不同灰质之间的桥梁，由无数根神经纤维组成。我们的大脑就像一座高楼（即灰质）林立的城市，庞大的交通网（即白质）保证了街区之间的合作与交流，使其成为一个共同协作的整体。

随着年龄增长，这个良好运作的系统会面临老化的挑战：大脑白质的密度下降，这也就意味着交通道路变窄，交通效率大大降低；执行不同功能的大脑灰质区域体积萎缩，这也就意味着每个街区的办公人员减少，执行任务的能力下降。

我们的认知表现与整座"城市"的运作息息相关：如果负责记忆的海马灰质因为老化而萎缩，出现激活程度的下降，那么当我们要记忆一个英文单词时，这栋"记忆办公大楼"处理这份"文件"的效率就会变低，加上传送"文件"的"交通"情况也不容乐观。由此，我们也就不难理解为什么学英语对于大多数老年人来说会如此困难了。

　　不过，大脑的老化并不是简单的整体衰减过程，这座精密运作的"城市"在老化过程中遵循着"从前到后"的规律——大脑的前部（即靠近额头的部分）更容易发生老化和衰退，而后部（即靠近后脑勺的部分）则相对保持良好。大脑前部负责执行更加高级的功能，比如计划、执行、控制；后部则更多地与基本的知觉能力有关，比如视觉。即便在相对脆弱的前部，负责情绪调节的区域也得到了相对于计划、执行等高级区域更好的保持，因此，老年人常常更少受到消极情绪的影响，会拥有更好的心态。可见，这种老化规律在一定程度上优先保证了我们生存的基本能力。

　　更为重要的是，大脑会通过让更多的大脑区域参与活动，对衰退相对较快的区域进行补偿，从而在一定程度上使得相关的认知能力得到较好的保持。例如，尽管老化会引起海马的萎缩，但老年人在记忆过程中除了激活海马，还会激活更多其他区域。也就是说，当"记忆办公大楼"的工作效率下降或人手不够时，"城市"便会调动其他办公大楼里的人员，共同完成记忆任务。因此，在老化过程中，大脑的功能特异性会降低，即同一个认知过程可能会激活多个区域，区域之间的分工变得不那么明确。关于认知老化的很多研究发现，在同一个任务中，老年人会比年轻人激活更多的大脑区域，而且在任务完成方面可能和年轻人表现得同样好。在应对老化挑战的过程中，大脑通过自己的策略维持了必要的认知表现。

变老就是各方面能力直线下降吗

在了解了老年人的智力和大脑的变化规律之后，我们再回到老年人的总体认知变化轨迹这一问题上。

我们提到，不少人心中都持有"认知能力会随年龄增长发生普遍衰退"的假设，并相信事实就是如此。实际上，一方面，如前所述，虽然流体智力从成年早期就开始缓慢下降，但晶体智力从成年早期一直到老年期都可能得到很大程度的保持，甚至有所增长。另一方面，虽然年龄越大的老年人群体，出现认知功能下降的个体的比例越高，但我们也会观察到，很多老年人直到死亡之前都没有出现认知功能的下降，有少数幸运个体的部分认知能力在中年到老年期间还增长了。也就是说，年龄增长并不一定会带来普遍的认知衰退。

即使我们观察到了老年人和年轻人在认知能力上存在差异，这也不一定都是年龄增长造成的。比如说，受教育水平和认知测验形式都会影响对认知表现的评估。特别是在中国，老年人年轻时接受教育的机会远远少于现在的年轻人，而且很少接触过认知测验，很可能因为对测验题目不熟悉而产生畏难情绪，从而影响测验成绩。这些因素常常和年龄变化相混淆，进而导致人们错误地将年老和衰退等同起来。

进入老年期后的个体依然沿着不同的发展轨

迹行进。人们之所以将年老和衰退等同起来，也是因为没有关注到老年期也存在极大的个体差异性，不同个体的老化会有不同的发展轨迹。

根据老化的各类纵向研究，个体的老化发展轨迹可以分为以下四种不同的模式：成功老化（aging successfully）、正常老化（aging normally）、轻度认知损伤（mild cognitive impairment，MCI）和痴呆（dementia）。下面将对其进行简单介绍，让读者对老化这一概念形成更加全面的了解。

成功老化　这是最好的老化模式。目前学界针对"成功老化"仍未形成统一的标准定义。研究成功老化的权威学者、美国心理学家约翰·罗（John Rowe）和罗伯特·卡恩（Robert Kahn）给出的定义受到的关注度最高。他们认为成功老化的老年人拥有下面三个特征：①没有患病，而且没有患病的高危因素；②保持良好的身体功能和认知功能；③拥有良好的社会参与度（人际关系和生产性活动）。这些老年人的认知能力持续增长至中年晚期，直到去世前几年认知能力的整体水平都保持得较好。他们在人格特质上往往比同龄人表现出更少的神经质、更多的开放性。成功老化的老年人健康、活跃的年岁非常接近实际的寿命。

正常老化　这是最普遍的老化模式，大多数老年人的老化轨迹都是正常老化。正常老化的老年人在中年早期认知功能就逐渐趋于平缓而不再增长，直到五十多岁或六十岁出头。在此之后直到八十岁出头，大多数人的认知能力都会出现中等程度的衰退，去世前几年则会出现显著的退化。根据认知功能的表现，正常老化的老年人也可以分为两个亚群体：①认知能力处于相对较高水平，即使身体变得虚弱，也依旧能够保持独立；②认知发展只达到中等水平，可能需要更多的支持，甚至需要专业机构的看护。

轻度认知损伤　出现轻度认知损伤的老年人在老年早期就出现了比正常老化更严重的认知衰退。判定老年人有没有出现轻度认知损伤的定义标准在不同研究间有所不同。有的研究将比年轻人平均认知水平低 1 个标准差的老年人认知水平判定为轻度认知损伤；有的研究根据痴呆的临床

诊断标准进行判定，0 表示正常老化，1 表示可能
为痴呆，0.5 则表示轻度认知损伤。早期对轻度认
知损伤的判定标准为老年人表现出记忆丧失，而
目前的诊断标准已扩展到老年人出现其他认知能
力（如计算能力、语言能力等）的衰退。当前围绕
轻度认知损伤依然存在很多争论，比如，轻度认
知损伤的老年人一定会走向痴呆吗？还是说，他
们就是一类特定的老年群体？

痴呆 痴呆在临床上分为很多类型，最为常
见的就是阿尔茨海默病。痴呆的诱因可能不同，
但痴呆的老年人都出现了极大的认知功能损伤。
痴呆可能发生在老年早期，也可能发生在老年晚
期。痴呆老年人（特别是阿尔茨海默病患者）认
知变化的模式与正常老化的老年人极其不同。追
踪研究显示，有些痴呆患者自中年开始就出现了
认知衰退，也有些患者是因为脑血管损伤而变得
痴呆的。

从某种意义上讲，年老并不等同于衰退。不
同老化轨迹的人群让我们看到，老年人内部的个
体差异其实是极大的。有些年龄增长带来的衰退

表现其实可能是一些心理因素导致的，例如，由于年龄渐长，觉得自己不再适合参加某些活动，从而主动抛弃了对活动的兴趣；或自认为老了，就不愿意积极探索新兴趣，觉得自己肯定学不会新东西，就什么也不愿意学，懒得动脑、动手……这些不良的信念和习惯，其实都是衰老的帮凶。如果我们能够摒弃"认知能力会随着年龄增长发生普遍衰退"的消极信念，用更加积极主动的态度去面对老年生活，就可以在晚年生活中收获更多的独立、自主和幸福。

参考文献

[1]　马娟. 现代老年人智力的衰退与发展——关于卡特尔晶体智力 – 液体智力理论的质疑 [J]. 心理学探新，2004，24(1)：54-58.

[2]　PETERSEN R C，SMITH G E，WARING S C，et al. Mild cognitive impairment: clinical characterization and outcome [J]. Archives of Neurology，1999(5)：303-308.

[3]　ROWE J W，KAHN R L. Human aging: usual and successful [J]. Science, 1987(237)：143-149.

[4]　REUTER-LORENZ P A，PARK D C. How does it

STAC up? Revisiting the scaffolding theory of aging and cognition [J]. Neuropsychology Review, 2014, 24(3): 355-370.

[5] SCHAIE K W. The course of adult intellectual development [J]. American Psychologist, 1994, 49(4): 304-313.

第 2 章

脑海中的"橡皮擦"

记忆的流逝

金梦菡　整理

———————

老年人的记忆力没年轻人好，这似乎成了公认的事实，甚至老年人自己也这么认为，他们常常会说，"记忆力大不如从前了""比年轻的时候爱忘事多了"。日常生活中的经验似乎都在告诉我们，随着年龄的增长，老年人的记忆会不可避免地衰退。当这种迹象逐渐显现出来时，老年人及其家人甚至会担心这是不是阿尔茨海默病或者痴呆的征兆。在很多人的潜意识里，"老年人""记忆力衰退"以及"阿尔茨海默病""老年痴呆"这些标签是紧紧联系在一起的。但是，从科学的角度而言，它们之间的关系可能并没有那么简单。为什么老年人总是抱怨记忆力衰退？这个问题可能包含着各种不同的原因。本章将为读者阐述记忆老化的各方面特征，以及记忆力衰退和阿尔茨海默病之间的关系。

老了就会记不住事吗

我的奶奶随着年龄的逐渐增长，记忆方面的问题也愈加明显起来。在奶奶60多岁的时候，她偶尔会叫错几个孙女的名字：想要找我的时候叫的却是我妹妹的名字，说到我妹妹的时候又念叨着我的名字。此外，她偶尔会在出门前忘记带上需要的东西，比如钥匙、钱包。在六七十岁的时候，这些问题还没有明显地影响到她的日常生活，她还是具备很独立的生活能力，比如每年都会去儿子家里住一段时间，从儿子家出门买菜再独自回家没有任何问题。然而，随着岁数的增长，她的记忆问题越来越严重。如今，80岁左右的她不仅仅会叫错人的名字，独立生活能力也开始受到影响了。比如，她经常忘记锅里煮着东西，今年独自从儿子家出门后迷路了好久才找回来，以至于家人都不放心让她单独出门了。许多关于老年人的研究都表明，到了 60 岁之后，老年人对信息的记忆和加工能力与年轻人相比会产生不小的差距，并且年龄越大，记忆的衰退就越明显。

北京师范大学的彭华茂等研究者在 2006 年的一项研究中发现，如果让年轻人和老年人对同一段信息进行一定的加工并记忆，年轻人大约能记住六七个数字，60～65 岁的老年人大约能记住 5个，而 70 岁以上的老年人只能记住三四个。老年人对文字、图片以及空间位置等信息的记忆能力确实有着明显的衰退。老年人有时候会记错电话号码，忘记要买的菜，这样的现象是比较正常的、符合记忆的老化规律的。但是具体到不同的记忆类型，我们并不能一概而论地说老年人的记忆发生了全面的衰退。

老年人抱怨自己记不住东西、健忘，这到底是不是普遍的？要回答这个问题，我们需要回到现实生活中来观察。在平时生活中可以看到，老年人往往记不住以前经历过的事情的细节，比如昨天中午自己吃了什么，穿了什么衣服，事情发生的时间是几月几日，地点在哪里……这类关于一些事件或场景的时间、地点等信息的记忆被称作**情景记忆**。许多研究都发现，这种记忆对于年龄的变化特别敏感，随着年龄的增长，会不可避免地出现下降。与情景记忆相对的记忆类型叫语义记忆，是指对那些包含语义信息的重复性内容的记忆。瑞典斯德哥尔摩大学的研究者拉斯－格兰·尼尔森（Lars-Goran Nilsson）通过对 35 ~ 80 岁的被试进行记忆相关研究发现，虽然情景记忆和语义记忆都随着年龄的增长而逐渐下降，但是语义记忆的下降趋势其实是受教育水平影响的。也就是说，老年人的语义记忆水平之所以不如年轻人，可能是因为受教育水平有限。年龄本身其实并不会影响语义记忆的衰退。

还有些记忆类型与年龄可能并没有太密切的关系，比如**程序性记忆**（即"知道怎么做某件事"的记忆）。大部分程序性记忆会终身保持得比较好，没有明显的衰退。也就是说，我们对某项运动或技能任务的操作、完成方式的记忆是完好的。比如骑自行车，一旦熟练掌握这种程序性知识，余生都能够很轻松地完成骑行并且无须太多的注意分配。

此外，就自传体记忆（即人们对自己过去生活中经历的事件的记忆）而言，也不能简单地说老年人比年轻人差。虽然老年人在回忆自己过去的生活经历时，容易忽略掉一些感知觉和环境信息（比如时间、地点和人物），回忆的内容可能缺乏细节、不太生动，但是，老年人会回忆更多开心、积极的事情。北京师范大学的王大华等研究者2015年的研究表明，老年人在回忆婚姻相关的事件时，报告出的积极事件远多于消极事件，并且对新婚时期和近期的事件有着更多的回忆。这种带着积极偏向的自传体记忆会让老年人在回忆过去时拥有更多的幸福感。

有时候突然记不起来某件事，或是想不起来要说的话，可能并非因为记忆力衰退。毕竟，年轻人有时候也经常这样。比如，我们都经历过这样的瞬间：明明上一秒想说的话已经在嘴边了，下一秒就发现自己怎么也说不出来，只好解释说："我知道的！我只是一下子想不起来了……"我们通常将这样的现象称作"舌尖现象"。它是一种在日常生活中较常见的语言产生失败的现象。不管是在现实生活中，还是在实验室情境下，老年人出现舌尖现象的比例确实高于年轻人。此时很多人的第一反应是："哎呀我是知道这件事的，我怎么突然忘记了呢？记性真是越来越差了！"其实，这不关记忆的事。北京师范大学的彭华茂等研究者2018年的研究表明，舌尖现象可能是由老年人抗干扰能力的下降造成的。如果老年人正要说某件事的时候，外界出现了干扰信息，比如有人插话，或者自己头脑中突然浮现出别的事情，那么这时就容易出现舌尖现象，影响正确的表达。所以，舌尖现象可能只是因为老年人受到了干扰或者注意力分散了，并不一定是记忆力下降了。

抱怨记忆力下降是怎么回事

老年人感到记忆困难或者容易遗忘，这种现象被称为主观记忆抱怨（subjective memory

complaint)。可能有接近一半的老年人都存在主观记忆抱怨现象，并且与受教育程度有关，低教育水平的老年人有着更多的主观记忆抱怨。主观记忆抱怨与客观的认知记忆损害之间确实也存在关联性。美国得州州立大学的克里斯特尔·苏尼加（Krystle Zuniga）等研究者在其 2016 年的研究中指出，出现主观记忆抱怨的老年人在未来发展为痴呆（包括阿尔茨海默病和其他类似疾病）的风险是其他老年人的 2.5 倍。南京医科大学周晓琴等研究者 2019 年的研究发现，主观记忆抱怨者中约有半数被诊断为轻中度认知损害（32.1%）和严重认知损害（18.1%），并且多数被临床诊断为轻度认知障碍（56.3%）或者阿尔茨海默病（13.5%）。

需要注意的是，主观感觉的记忆力下降与阿尔茨海默病并没有必然的联系。克里斯特尔·苏尼加等研究者的研究结果还显示，年龄达到 45 岁后，约 1/9 的人会报告自己出现明显的记忆力下降；在老年人中，更是有大约一半的人都会报告在做饭、打扫房间、服药等日常生活行为中受到了记忆力下降的影响。因此，老年人偶尔抱怨记忆力下降是一件很普遍的事,即使是年轻人、中年人可能也会偶尔抱怨自己记忆力不如以前。记忆力随年龄的下降是一种正常现象,对于自我感觉到的记忆力下降则需要理智对待,既要积极采取应对措施,也不必过于惊慌。法国图尔大学的芭迪雅·布阿扎维(Badiâa Bouazzaoui)等研究者2016年的研究就表明,过多的主观记忆抱怨会让老年人对自己失去信心,怀疑自己的能力,导致他们在记东西的时候胆战心惊、生怕出错,结果反而出错更多。

主观体验到的记忆力下降引发的不只是记忆问题,可能还有沮丧、焦虑等消极情绪。也就是说,感觉到自己的记忆力变差后,老年人可能因此感到担心、焦虑,一方面苦恼于记忆力下降对生活质量的影响,另一方面也害怕会演变为阿尔茨海默病。过度担心可能是没有必要的,反而是过度担心带来的焦虑、抑郁情绪可能给老年人的生活带来不好的影响,比如可能干扰他们的正常睡眠,从而引发睡眠障碍,也可能会导致易怒、情感冷淡等情绪问题。过度担心带来的焦虑等情绪会使得老年人在日常生活中更容易忘事，"印证"老年人对自己记忆衰退的担心，进一步加深其烦恼。

因此，老年人如果只是偶尔出现记忆力下降的情况，那就不用过度焦虑。但是如果家中老人对记忆力的抱怨尤其频繁，那么亲属可以多些警惕，因为这有可能是诊断轻度认知障碍的线索。能够得到及时的诊断对于老年人的认知功能早期干预至关重要。

阿尔茨海默病

到底如何区分普通的记忆老化和老年痴呆或者阿尔茨海默病呢？当发现家里老人经常忘事，经常抱怨自己脑子记不住东西的时候，我们需要警惕吗？想要回答这些问题，我们首先需要了解一下什么是痴呆。

痴呆是一种由多种因素引起的认知障碍疾病，这类疾病可能会使个体的各方面认知能力受到损害。最常见的痴呆主要包括阿尔茨海默病、血管性痴呆、路易体病、额颞叶痴呆（包括皮克病）等。据国际老年痴呆协会统计，截至 2020 年，全球已有逾 5500 万痴呆患者，至 2050 年可能达到 13 900 万。中国是世界上老年痴呆患者人数最多、增速最快的国家。

阿尔茨海默病是一种比较典型的、最常发于老年群体中的痴呆，占痴呆病例的 50% ~ 70%。虽然我们经常将阿尔茨海默病和记忆衰退捆绑在一起，但是二者还是有着很多差异的。阿尔茨海默病是一种以记忆损伤为主要症状的症候群，患者可能出现以下症状：

- 经常忘记最近发生的事情、人的姓名和长相，也很难理解别人说的话。
- 在处理金钱问题和开车的时候感到明显的困惑。
- 变得不太关心周围的人。
- 容易产生情绪波动，可能会无缘无故地大哭，或者认为有人试图伤害自己。

如果病情进一步恶化，患者还可能会出现以下症状：

- 做出一些令家人感到不安的行为，比如半夜起床，或者在四处闲逛后迷路。
- 失去自控力和对行为得体的约束，比如可能会在公共场合脱光衣服或者做出不恰当的性冒犯行为。

以上这些症状在正常记忆老化过程中是不会出现的。阿尔茨海默病患者的主要生理性病变发生在脑部。我们的大脑中包括灰质和白质，其中灰质就是大脑皮质，它在我们的思考、认知等活动中发挥着决定性的作用；白质则主要负责传递信息，连接灰质的不同区域。阿尔茨海默病患者的大脑灰质明显萎缩，皮层上的脑回变得狭窄，脑沟则变得更松散。随着疾病的发展和恶化，患者会丧失越来越多关于自己的记忆，直到忘记自己的名字以及生活中的任何事情，进一步带来其他的情绪和行为问题。

主观记忆抱怨不一定意味着个体会得阿尔

茨海默病，但是大多数患有阿尔茨海默病的老年人的确在发病前经历了主观记忆抱怨这个阶段。研究者将阿尔茨海默病的病程发展分为临床前（preclinical AD）、前驱（prodromal AD）、痴呆（dementia）三个阶段，其中，临床前阶段表现为客观记忆水平不变，但是主观记忆水平出现下跌。也就是说，老年人在临床上的记忆测验成绩没有变化，但是自己在生活中感到记忆力下降。

值得注意的是，随着疾病的发展和恶化，患者丧失了很多记忆，那些用于描述"自我"的记忆痕迹逐渐流逝，但是，他们**人格特质层面上的"自我"依旧保留着**。心理学家将人格定义为一个人思考、感受和行为的特定方式。换句话说，人格存在于"知道怎么做某件事"的程序性记忆中，而程序性记忆大多被保留了下来。很多患者几乎失去了对自己过去生活的记忆，并且对目前的生活状况产生了错觉。从这个意义上说，患者失去了"自我"，失去了关于他是谁和曾经是谁的相关记忆。但是，他在人格和个性层面上仍然是那个"曾经的自己"，也就是说，他的核心人格特质并没有改变。

　　另一种在阿尔茨海默病晚期仍旧保留的程序性记忆是**理解他人的手势和面部表情的能力**。由于患者可能对他们目前所处的情况了解甚少，因而他们反而会更依赖他人的情绪线索来理解自己在特定时刻应该有怎样的感受。在照料阿尔茨海默病患者的时候，照料者不要总是苦恼于那些难以逆转的患者在行为和记忆上的紊乱和缺失，不妨更多地去留意那些他们未曾改变的地方。患者与以往一致的人格特质、对情绪的识别能力可以让照料者更好地了解他们各种表现背后的内心需求，向患者传达温暖、积极的情绪，让他们感受到支持。

　　阿尔茨海默病既受遗传因素也受环境因素的影响。有不少研究者认为，阿尔茨海默病属于脑能量代谢失调性疾病，而代谢性疾病的发生和发展往往与不良生活方式有关，包括生活状态、饮食、心理状态、工作压力、经济状态、教育水平，等等。因此，减少风险因素，实施早期、综合、系统化的干预，就有可能起到延缓阿尔茨海默病的效果。那么，对于老年人自身而言，他们在日常生活中可以通过哪些活动来抵御记忆衰退和痴呆风险呢？家里人又可以为他们做些什么呢？

如何抵御记忆的流逝

老年人可以做什么

1. 社交活动

有研究发现，老年人的健康状况和朋友的数量有关。保持社交网络的规模、拜访老朋友、结识新朋友，不仅有助于缓解长期居家的孤独感，朋友之间简单的对话、聊天也可以作为一种锻炼大脑的方式。

2. 锻炼身体

听音乐、唱歌、瑜伽、太极拳、健步走等活动都已被证明能够改善和保持老年认知功能。这些活动都可以很好地锻炼身体。

3. 控制饮食

控制饮食主要包括：增加优质蛋白质摄入；

适量补充多不饱和脂肪酸（如海鲜）和卵磷脂（如蛋黄、肝脏、大豆等）；减少脂肪和糖的摄入；增加丰富的膳食纤维（比如每天吃 50 ~ 100g 粗粮）和矿物质摄入。

4. 认知训练

老年人在家里可以有意识地锻炼自己的认知能力，做一些对自己而言稍有难度和挑战的认知活动，比如，保持心算价格的习惯，学习一门新技能（比如学习一种乐器）。这样不仅能够锻炼自己的大脑，还为生活增添了一些乐趣。

家人可以做什么

1. 对家中老年人的主观记忆抱怨情况保持一定的关注。如果发现家中老年人非常频繁地出现记忆力下降问题，甚至影响到正常生活，就需要及时向医生求助。

2. 对于偶尔记不住事的老年人，家人可以帮助做一些辅助记忆的事情，比如列清单、提前做好计划、在手机里设置备忘录和闹钟。对于重要的事情（比如按时吃药），家人也需要多提醒多询问。

3. 对于偶尔记不住事的老年人，家人除了提供行为上的帮助之外，还应该给予他们情感上的支持。如果一味地抱怨老年人记忆力不好，只会让他们更加焦虑和挫败。家人应该给予他们积极的鼓励和支持。比如告诉他们：偶尔记不住事是很正常的，不用过分自卑自责，毕竟年轻人有时候也会忘事。

4. 对于记忆力衰退得很厉害或是已经确诊阿尔茨海默病的老年人，家人无需过多地向老年人提醒他们记忆的丧失，因为这种提醒无法将他们带回现实，只会让他们感到心烦意乱。相反，最好的应对方式是尽可能地让每一次互动都保持愉快和积极，不管老年人是否处于"现实中"。与其关注他们的记忆丧失，不如将注意力转移到他们仍然保持的那部分自我——他们的人格和个性上。和他们一起笑，表达你的关心和爱，这样会让他们过得更好。

参考文献

[1] 彭华茂，申继亮，王大华. 认知老化过程中视觉功能、加工速度和工作记忆的关系 [J]. 中国老年学杂志，2006(1)：1-3.

[2] 周晓琴，等. 老年人主观记忆抱怨与客观认知损害的关联性 [J]. 中国临床心理学杂志，2019，27(3)：520-523.

[3] BOUAZZAOUI B，FOLLENFANT A，RIC F，et al. Ageing-related stereotypes in memory: when the beliefs come true [J]. Memory, 2015，24(5)：1-10.

[4] NILSSON L G. Memory function in normal aging [J]. Acta Neurologica Scandinavica, 2003(107)：7-13.

[5] ZUNIGA K E，MACKENZIE M J，KRAMER A. Subjective memory impairment and well-being in community-dwelling older adults [J]. Psychogeriatrics, 2016，16(1)：20-26.

第 3 章

智慧保卫战

老年人如何保持认知健康

怀淇琛　整理

———————

在前面的章节中，我们了解到，随着年龄的增长，个体的诸多认知功能的确呈现出下降的趋势，比如，各种记忆能力衰退，反应速度减缓，解决问题时效率降低，等等。以美国加州大学圣迭戈分校精神病学系为首的研究小组进行了长达40多年的追踪调查，结果发现，根据一个人20岁时逻辑分析能力、记忆力和感知能力的水平，可以准确预测其60多岁以后的大脑认知状况，而后者却几乎不受教育水平、职业类型等其他因素的影响。这样的结果令人感到沮丧，似乎说明了生理因素不仅仅决定认知能力会"随龄衰退"这个事实，还决定个体会衰退到何种程度，而后天的努力和经验的累积对改善认知能力效果甚微。但是，来自加拿大萨斯喀彻温大学的学者戈登·汤普森（Gordon Thompson）和丹尼斯·福斯（Dennis Foth）随后进行的干预研究反驳了上述观点，证实存在一些能够预防、缓解认知能力减退的方法。

在正式介绍相关方法之前，让我们先来了解一个新的概念——认知健康。所谓认知健康，是指个体的认知功能处于正常或者良好的状态，能够满足日常生活的需要。值得注意的是，认知健康并不意味着要将认知水平维持在一个较高的峰值，而是侧重于认知能力与日常生活需求的匹配度。所以，对于老年人来说，"记性不如以前好"不代表"认知不健康"，只有"记性差到影响正常生活"才算"认知不健康"，这需要观念和心理上的同时转变。事实上，一系列认知训练的方法都在试图保持老年人的认知健康，让老年人的认知能力足够自理生活，而不是一味地追求单项认知测验成绩的提升。

总的来说，老年人要想保持和促进认知健康，一是要做到"吃好睡好常锻炼，积极社交勤出门"，为认知健康打好身心基础；二是要多参与一些锻炼认知能力的活动；三是要勇于学习新鲜事物，成为一名终身学习者，充分发挥大脑在老年阶段的可塑性。

"粮草"先行：打牢身心基础

大脑与个体的认知能力息息相关，它在个体一生中都在不停地发展着、变化着。因此，要想保持认知健康，首先要给大脑提供一个良好的生存环境。作为大脑的主人，我们要做到：

第一，吃好饭。大脑健康需要很多微量元素、油脂、氨基酸、维生素等营养物质的支持。现在很多人会选择吃保健药品来保证这部分营养，这可能与广告媒体的宣传有关，但是综合多个科学研究的证据来看，"药补不如食补"。英国伦敦大学学者艾伦·丹格尔（Alan Dangour）联合法国巴黎大学学者瓦伦蒂娜·安德列耶娃（Valentina Andreeva）等人在 2012 年综合分析了近十项关于保健药品"鱼油丸"能否促进成年人记忆的研究。

在这些研究中，50%的人服用"鱼油丸"以获取大量Omega-3（一种不饱和脂肪酸），剩下50%的人仅服用了等量的安慰剂（伪装成药丸形状的糖果）。分析表明，两组人的记忆测验成绩没有明显的差别，患上阿尔茨海默病的风险也基本相等。另一项调查研究发现，经常食用富含Omega-3的高脂肪鱼类的个体罹患阿尔茨海默病的概率低于那些很少食用高脂肪鱼类的人。部分维生素和矿物质也被证明能够促进大脑健康，但是只有在食用而非药用的前提下，这种积极影响才能发挥出来。美国食品药品监督管理局（FDA）指出，保健药品作为非处方药品，其审查监管机制并不如处方药品完善，因此安全性和有效性很难得到保障，其实际成分和功效可能与商家宣传的存在很大区别。与"药补"相比，以"食补"方法获取相关营养物质更加可靠。以食用高脂肪鱼类为例，个体不仅补充了纯天然的Omega-3，而且同时摄入了高质量的蛋白质，这种均衡的营养结构可能更有助于维持人们的记忆力和身体健康。

第二，睡好觉。虽然老话说"人越老，觉越

少"，但睡眠是保持大脑健康最重要却又最容易被
忽视的因素。就像每天出门前要给手机充好电一
样，睡眠就是给大脑"充电"的过程。日本东京
女子医科大学的大塚邦明（Otsuka Kuniaki）等学
者指出，即便是老年人，也要每天睡眠 7 ～ 8 个
小时才能保证大脑各项功能的运转，包括记忆力、
注意力、学习能力和创造力，等等。如果老年人
每天晚上难以睡足这么长时间，那么可以尝试午
休。1 小时的午休被证明比 200 毫克咖啡因（相
当于 2 杯特浓咖啡或者 3 杯浓茶）更能改善认知
能力。

第三，适度运动。相信很多人都知道合理运
动、适当出出汗对身体健康有益，其实适度的运
动对大脑也有很多好处。别忘记，运动实际上是
由大脑支配的，管理运动的大脑皮质和负责认知
功能的神经网络有着紧密的联系。另外，出汗的
运动有助于增强心肺功能，而心肺功能的增强又
有利于大脑的高效工作。运动的门槛并没有想象
中高：不是只有去健身房举杠铃才叫运动，很多
强度较小的运动，比如瑜伽、健步走、太极拳、

乒乓球等，也能很好地改善心肺功能，促进大脑运转。运动医学的研究表明，经常锻炼的老年人出现认知功能损害的风险更低，而缺乏运动的老年人患阿尔茨海默病的比例与具有遗传风险的人相当，也就是说，即使没有阿尔茨海默病家族史，如果缺乏活动，个体也可能使自己处于危险之中。

除此之外，老年人也要积极地参与社会活动。美国拉什大学医学中心的学者布莱恩·詹姆斯（Bryan James）等人进行了一项为期 5 年的追踪研究，结果发现，老年人参加的社会活动（包括拜访朋友、参加体育活动、集体外出旅游等）每增加一项，他们出现认知损害进而不能照顾自己的风险就会在 5 年内降低 43%。与他人简单地对话、聊天，有助于减少孤独感、保持良好心理状态，而愉悦的心情正是大脑合理利用有限资源的重要保障。

关键之战：锻炼认知能力

大脑就像一块肌肉，如果勤加锻炼，它的

力量就会增强。有足够多的证据表明，锻炼大脑是保持其健康的好办法。来自沙特阿拉伯国王大学医学院的学者阿卜杜勒拉赫曼·塔奇布（Abdulrahman Al-Thaqib）等人在2018年发表了一项干预研究，研究者让一组平均年龄为25岁的健康成年人接受注意力、加工速度、视觉记忆和执行功能的训练，每周7天，每天15分钟，一共持续3周；而另一组健康成年人不参与任何训练。结果表明，接受训练的成年人表现出了更好的注意力和更快的反应速度，这说明大脑的认知功能通过训练确实得到了提升。

老年人在日常生活中可以有意识地锻炼自己的认知能力，多做一些对自己而言稍有难度和挑战的认知活动，比如在出门买菜时心算商品的价格。北京师范大学老年心理实验室为老年人设计了许多有意思的、能够锻炼认知能力的活动方案，有时间的话，不妨约上三五老友，来一场智力的挑战赛。在这里，我们主要介绍3项分别锻炼个体记忆能力、抑制能力和心算能力的游戏活动。

（1）记忆能力训练——**抓住诗词的尾巴**。记忆能力，就是我们平常说的"记性"。心理学上对记忆能力有着更系统的划分，其中备受关注的一类就是工作记忆，即同时进行"信息加工"和"记忆存储"的能力。"抓住诗词的尾巴"这项游戏锻炼的内容就是个体的工作记忆。首先，制作喜欢的诗词卡片20张，在每张卡片上写一句诗词，比如"床前明月光"。制作好卡片后，即可开始挑战。每次挑战前都要想好自己要挑战多少句诗词，如果想挑战5句，就从所有卡片中随机抽取5张，然后依次念出这5句诗词（进行"信息加工"），每念完一句都要记住这句诗词的最后一个字（进行"记忆存储"）并将卡片倒扣在桌面上，不能回看。全部念完后，按顺序说出这5句诗词的最后一个字分别是什么。如果全部回忆正确，视为挑战成功，可以在此基础上增加难度，比如，挑战6句。如果出现了错误，那就再试几次。若一直没有通过，则可以适当降低难度，重新挑战。这个游戏也可以结伴开展或者在小群体里进行比赛。

（2）抑制能力训练——**我偏偏不这么做**。抑制能力是指个体不受分心信息干扰的能力。在生活中，你有没有遇到过类似这样的情况？本来想要把冰箱中的水果取出来洗净，再分给家人们吃，但是，打开冰箱后，你不经意发现昨天剩下的半瓶酸奶还没有喝，于是把酸奶拿了出来，却没拿水果，就随手关上了冰箱门。在这个例子中，原本想要完成的事情是取水果，但是看到"半瓶酸奶"这个分心信息后，大脑受到了干扰，就暂时忘记了原来的目标。发生类似的情形说明我们的抑制能力没有很好地发挥作用。"我偏偏不这么做"这项游戏既能锻炼抑制能力，又能让老年人活动身体。这项活动至少需要两个人一起参与，一个人负责发出指令，另一个人（或者其他所有人）做出与指令完全相反的动作，达到锻炼抑制优势反应的能力。难度模式分为两种：①简单模式，即简单动作，比如一个人说"摸右耳朵"时，其他人就应该"摸左耳朵"；②困难模式，即复合动作，比如一个人说"右脚向前跨一步"时，其他人就应该"左脚向后退一步"。每次做完动作后，检查动作是否正确，可以对做错者施以小小的"惩罚"，以增加游戏的趣味性，然后回归原始状态，再进行下一个动作。

（3）心算能力训练——加减乘除二十四。心算是一种只凭思维和语言活动、不借助任何工具的计算方法，能够锻炼个体的注意力、记忆力和思维能力。"加减乘除二十四"就是一项心算游戏，它既可以自己一个人玩，也可以很多人一起玩。规则非常简单，只需准备一副扑克牌，拿掉王牌和花牌，从所有牌中随机抽取4张，通过加减乘除四种运算，设法将4张牌上的数字组合成24。比如，抽到的4张牌分别是2、4、5、6，可以组合成 $6 \times 5 - 4 - 2 = 24$，也可以组合成 $4 \times 5 + 6 - 2 = 24$。组成正确答案后，即可将牌放回，再次抽取，再次运算。如果多个人一起玩，可以比比谁先正确想出正确的排列组合。

锦上添花：学习新鲜事物

训练大脑的最佳方法就是让它不断地接受具有新异性和复杂性的刺激，对于老年人来说也是如此。老化中的大脑依然是可塑的，它一直能够习得新东西，也能从学习中获益，例如，形成更高效的大脑活动模式。从事一些较为复杂的认知活动，比如学习一门新的语言，尝试演奏一种简单的乐器，甚至玩玩深受年轻人追捧的电子游戏，都是很好的"带大脑看看新风景"的方法，有利于保持甚至促进老年人的认知健康。

双语的学习可以强化左右脑的联系，促进人们在加工信息时左右脑的交流合作。这种左右脑的频繁联结被认为是天才儿童进行工作记忆任务时的脑功能特点。对于老年人来说，虽然大脑的某些区域面临萎缩，部分神经网络的功能已经失效，但是双语的学习让他们能够借助左右脑之间稳固的沟通桥梁，在整个大脑范围内积极调动其他的区域或网络来弥补缺失区域的功能。这种大脑资源调配的灵活性可以被视为一种保护性因素。一方面，即便是脑损伤程度较为严重的双语老年人，也可以通过更高效的大脑资源调配来弥补脑损伤导致的认知水平下降，甚至可以达到和脑损伤程度较轻的单语老年人相同的水平；另一方面，左右脑之间的紧密联系也使得双语者罹患阿尔茨海默病等认知障碍的年龄普遍更晚。加拿大罗特曼研究所的学者费格斯·克雷克（Fergus Craik）等人在阿尔茨海默病患者中比较了有双语经验的人和单语者的发病年龄，发现双语者首次发病的年龄比单语者晚大概 5 年，佐证了双语学习经验在维持老年人认知健康中的积极作用。

参与一些与音乐相关的活动也会为老年人带来长期有益的影响，比如减缓认知能力的下降速度，而且演奏音乐比聆听音乐的效果更好。加拿大麦吉尔大学的研究者莱维丁·丹尼尔（Levitin Daniel）和扎托尔·罗伯特（Zatorre Robert）进行了一项音乐训练研究，要求一组成年人练习演奏音乐，另一组成年人聆听相同的音乐。结果发现，接受演奏训练的个体大脑中负责运动的区域与负责听觉的区域之间的联结得到了加强。这是因为，演奏音乐是一个涉及大脑中多种感觉系统、运动系统功能的复杂过程，锻炼了大脑中许多不同的部分。许多乐器都需要眼睛、耳朵、嘴巴和双手之间精确配合、严密协调，以保证演奏出连贯的乐曲，例如，耳朵将听到的声音反馈给大脑，再由大脑向手指等演奏部位发出指令，进而做出一系列的动作。对于老年音乐初学者来说，即使只是接受短期的演奏训练，也会从其对大脑的锻炼中获益，提高认知能力。演奏音乐也常常被用于老年中风患者的康复训练。

除了学习语言和乐器之外，目前有研究证据表明，玩电子游戏在一定程度上也能促进老年人的认知健康。来自美国伊利诺伊大学香槟分校的研究者钱德拉马利卡·巴萨克（Chandramallika Basak）等人进行了这样一项富有创造力的研究：他们招募了40名平均年龄68岁、近两年来没有玩过电子游戏的老年人，让其中一半老年人玩了4～5周的电子游戏《国家的崛起》——这种即时战略游戏要求玩家具有较高的反应速度，在更短的时间内关注到更多的内容。结果显示，累计11个小时的游戏让这部分老年人的记忆能力、抑制能力、注意转换能力得到了明显的提高，认知状况好于另一半老年人。所以说，电子游戏也可以去掉"年轻人专属"的标签，成为老年人既放松身心又锻炼大脑的娱乐方式之一。

　　综上，我们不难发现，老年人要保持和促进认知健康，首先要吃好、睡好、多运动、多社交，让大脑保持活跃的状态，处于良好的生存环境之中；其次要尽可能地锻炼大脑，不论是有针对性地训练记忆能力、抑制能力、心算能力等基础的认知能力，还是从事阅读、奏乐、打游戏等综合各项认知能力的复杂活动，都能够在一定程度上缓解甚至改善认知能力的衰退，所谓的"脑子越用越灵活"同样适用于老年阶段。

　　最后值得说明的一点是，自年轻起就保持认知健康的益处往往是长期的，可以惠及未来的老年阶段，也就是形成所谓的认知储备。认知储备的概念与前面提及的大脑资源调配灵活性颇为相似。随着年龄的增长，大脑的部分组织面临不可避免的退化，但是同等程度的退化带来的认知衰退程度却可能并不相同。那些年轻时给大脑提供足够营养和充分锻炼的人，早已在大脑的各个区域间建立了良好的通路，拥有了丰富的认知储备。这样一来，当一部分脑组织退化甚至病变时，该部分负责的认知功能能够迅速由其他部分代替，从而减轻甚至免受损害。我们都知道，大脑的不同区域负责不同的功能，这种功能的专门化、特别化对人类来说有着显著的意义，它让大脑像高速运转的大型机器一样稳定有序。但是，如果某个脑区在维持专一功能的同时，能够保有发挥其他功能的潜力，或许更加难能可贵。年轻人通过坚持锻炼、丰富社交、进行复杂认知活动等方式，能够提高认知储备，在大脑的各个区域之间建立起沟通联系的桥梁，为未来进入老年阶段后的认知健康打下牢固的基础。

参考文献

[1] 王大华，彭华茂. 玩出年轻头脑：老年人脑力训练游戏 [M]. 北京：北京师范大学出版社，2011.

[2] AL-THAQIB, A AL-SULTAN, F Al-ZAHRANI, et al. Brain training games enhance cognitive function in healthy subjects [J]. Medical Science Monitor Basic Research, 2018(24)：63-69.

[3] BASAK C, BOOT W R, VOSS M W, et al. Can training in a real-time strategy video game attenuate cognitive

decline in older adults? [J]. Psychology & Aging, 2008, 23(4): 765-777.

[4]　CRAIK F I M, BIALYSTOK E, FREEDMAN M. Delaying the onset of Alzheimer disease: bilingualism as a form of cognitive reserve [J]. Neurology, 2010, 75(19): 1726-1729.

[5]　DANGOUR A D, ANDREEVA V A, SYDENHAM E, et al. Omega 3 fatty acids and cognitive health in older people [J]. British Journal of Nutrition, 2012(107): S152-S158.

[6]　DANIEL J L, ROBERT J Z. On the nature of early music training and absolute pitch: a reply to Brown, Sachs, Cammuso, and Folstein [J]. Music Perception, 2003, 21(1): 105-110.

[7]　JAMES B D, BOYLE P A, BUCHMAN A S, et al. Relation of late-life social activity with incident disability among community-dwelling older adults [J]. Journal of Gerontology: Series A-Biological Sciences and Medical Sciences, 2001, 66(4): 467-473.

[8]　OTSUKA K, CORNELISSEN G, YAMANAKA T, et al. Comprehensive geriatric assessment reveals sleep disturbances in community-dwelling elderly adults associated with even slight cognitive decline [J]. Journal of the American Geriatrics Society, 2014, 62(3): 571-573.

[9]　THOMPSON G, FOTH D. Cognitive-training programs for older adults: what are they and can they enhance mental fitness? [J]. Educational Gerontology, 2005, 31(8): 603-626.

第4章

理性睿智还是冲动易变

老年人的决策

徐慧 整理

或许你也曾有因为爱美而不想穿秋裤的时候，这时耳边就会响起老人操心的声音："哎呀，秋裤当然要穿上的呀，天这么冷，回头会感冒的！要风度不要温度的啊？"你潇洒地回答："那我当然要风度！"回到家后，你裹着棉被，挂着鼻涕，耳边依旧是熟悉的声音："你看看！这不就叫'不听老人言，吃亏在眼前'！"

现实生活中也不乏这样的对话："爸妈，这个广告很明显就是骗人的呀！怎么会有这么神的药，不花多少钱、不费力气就治好三高啦？之前都和你们说过很多次，不要相信这些……""可是这个人说得很好呀，听起来挺有道理的嘛，价格也合适，碰上活动不买就亏了呀！"

我们常说"家有一老，如有一宝"，但也不时听闻老年人受骗案件的报道。老年人的决策到底更理性睿智，还是更冲动易变呢？

生活何处需要做决策

决策，简单来讲就是"做选择"的过程。

从今天中午吃什么，待会儿出门选择哪一种交通方式或哪一条路线，到生病的时候选择手术还是保守方案，购置房产的时候选择哪个地段……决策存在于我们生活的方方面面。在众多领域中，有几项与老年人的关联尤为紧密，也因此受到研究者的广泛关注。

1. 消费决策

消费决策是指消费者在考虑产品价格、质量、性能等信息的基础上，产生购买倾向或购买行为的过程。通俗地说，就是"挑东西，买东西"。某大数据研究院发布的《聚焦银发经济：2019 年中老年线上消费趋势报告》统计结果显示，我国老年群体人数及老年抚养比逐年上升；人数的增加、生活水平的提升，以及购物方式的日益丰富，使老年人成为有时间和精力，也有经济实力的消费群体，"银发经济"的迅猛发展受到了商家与投资者的广泛关注。

然而听起来简单的"买买买"，其实背后大有讲究：怎样挑选物美价廉的产品？在新兴购物渠道盛行的时代，老年人怎样擦亮双眼，提升消费决策的质量？消费心理学对这些问题的研究结果表明，影响个体购买意向与购买行为的因素是多样且复杂的，在面对不熟悉的购物平台、不了解的商品种类时，消费者需要慎之又慎地进行选择。

2. 医疗决策

国家卫健委发布的《2019年我国卫生健康事业发展统计公报》的数据显示，我国居民人均预期寿命已经从2018年的77.0岁提高到了2019年的77.3岁。鉴于人均预期寿命的逐年增长，医疗水平和生活水平持续、明显的改善，老年人将会更频繁地面对复杂的医疗健康类决策。从选择医院、医生，到确认治疗方案、药物处方等，对老年人和整个家庭而言都会越来越重要。可能下面描述的场景就是你曾经历过的：

（想象现在有医生想要说服你参加一项全新的、你并不了解的体检项目。）

医生 A："科学研究表明，参加这项体检的人在治愈率更高的疾病早期，发现肿瘤的概率较高。"

你会选择接受他的建议吗？

接下来，你遇到了另一个同样想要说服你的医生。

医生 B："科学研究表明，不参加这项体检的人在治愈率更高的疾病早期，发现肿瘤的概率较低。"

这一次，你会选择接受他的建议吗？

这是美国范德堡大学心理学家贝丝·迈耶罗维茨（Beth Meyerowitz）及其合作者雪莱·柴肯（Shelly Chaiken）1987 年开展的一项研究的内容。该研究的结果显示，虽然不同的对话内容有着共同的目的——劝说人们接受体检，但对于年轻人而言，呈现不参加体检的不良后果比呈现参加体检的好处更有说服力，而对老年人而言，呈现体检的积极结果会比呈现不良后果更能促进他们的行动。类似的情形还会以其他形式出现，比如"手术的成功率为97%"和"手术的失败率为3%"，明明是等价的表述，却会给人们带来不同的感受，甚至促使人们做出相反的医疗相关决策。可见，只有采用客观的分析思维或具备足够的经验与专业知识，才有可能摆脱干扰因素的影响，做出相对理智的决策。

3. 社会决策

人是社会性动物。生活于复杂的社会环境中，我们不可避免地需要和其他人有所互动、交流。在此过程中做出的同时影响自己与他人的决策被称为社会决策。社会决策会以多样的形式融入我们的生活，比如对他人的第一印象做出判断。

来自日本青山学院大学及京都大学的多名日本学者，通过呈现自编小故事并要求参与者对故事主人公的"好坏"进行判断的实验方法，对老年人的社会决策特点进行了考察。结果发现，对同样的故事内容，相比于年轻人，老年人更倾向于对主人公做出"好"的评价；在主人公的性格与行为存在矛盾的故事情境下（"主人公是个好人，他做了一件坏事""主人公是个坏人，他做了一件好事"），老年人会更倾向基于具体行为的描述做出判断，而非依赖抽象的性格描写。这说明，老年人在社会决策过程中更关注事物的积极方面，且相对直观、简单的信息更能吸引他们的注意。美国东北大学心理学家德里克·伊萨克维茨（Derek Isaacowitz）参与的多项研究还发现，和静态的、与实际生活差异较大的任务（比如判断照片上人物的特定表情）相比，老年人在面对动态的、与实际生活更相近的社会决策任务时表现得更好。这也反映了老年人在实际生活中进行决策时，能够有效地发掘并利用额外的信息，采用多种方式补偿认知能力下降带来的决策质量下滑问题。

社会决策还涉及对他人的信任问题。常有媒体报道老年人上当受骗的新闻，这与老年人对陌生人有更高的信任程度甚至过度信任有关。美国加利福尼亚大学的研究者伊丽莎白·卡斯尔

（Elizabeth Castle）等人邀请不同年龄段的人们对可靠性不同的面孔进行评分，结果发现，老年人对那些被评定为"低信赖感或不值得信任"的面孔给出了高于年轻人的信任度和亲和力评分。中国香港教育大学的李天元（Tianyuan Li）等人利用世界价值观调查（World Value Survey）在 38 个国家收集的57 497 份数据，验证了上述结论的跨文化一致性。

总的来说，从经年累月与人交往的过程中获得的经验以及对情感需求的重视，在老年人的社会决策与人际问题解决中都扮演了重要的角色。

事实上，对于决策类型的划分标准多种多样，但不论如何划分，人们的决策通常都需要承担一定的风险：经济投资的成本、手术治疗的危险、被他人欺骗的伤痛……我们通常以为自己经过深思熟虑做出的决定是"最优的""理性的"，然而许多研究发现事实并非如此。那么，到底是什么在影响我们的决策呢？老年人的决策表现与年轻人存在多方面的差异，其中又有哪些因素在发挥作用呢？

摇摆不定的原因

随着年龄的增长，人们在多个方面都会发生变化。其中哪些因素是影响老年人决策的关键因素呢？

1. 认知能力

在这里，我们将认知能力主要分为流体智力与晶体智力两类。这两种智力成分会随着年龄的增长呈现不同的变化趋势。

由于流体智力与个体的生理基础关系密切，因此会在个体发育成熟后随着年龄的增长而逐渐下降，最明显的下降主要出现在 60 岁之后。老年人常挂在嘴边的"瞧我这记性，真是记不住事儿了""我怎么反应不过来了呢"，其实就是流体智力下降带来的结果。流体智力下降，会影响老年人对新信息的把握，使他们很难在一些较复杂或陌生的决策情境下对众多信息进行整合与分析。同时，认知资源的减少会让老年人更容易在思考时感到疲劳，从而转向采用更不费力的、以情绪信息为主导的信息加工方式。想象我们现在要请家中的长辈在最新款的手机中挑选想买的一支，相比于年轻人常用的逐项比较价格、品牌、外观、性能的方式，老年人更可能感慨起决策的困难："这怎么选啊？挑起来太费劲了！"

然而，老年人也有他们的优势，比如丰富的问题解决经验。这就涉及与流体智力相对的另一种认知能力——晶体智力。与流体智力的年龄变化规律不同，晶体智力随着年龄的增长，会在较长时间内都保持稳定，甚至有所提升。我们常说的"老人家精通人情世故，看人准""老年人的智慧"正与晶体智力密不可分。同样是买手机，老年人可能不会像年轻人一样细致地比对外观和性能，但会基于积累的经验和策略，信赖那些口碑更好的产品。由此可见，虽然和年轻人解决问题的方式存在差异，但老年人在实际生活中的决策质量并不总是不如年轻人，有时反而表现得更好。因此，在遇到棘手的问题时，询问家里长辈的意见也是一种值得参考的方法。

2. 情绪与动机

情绪作为外显性和可变性较强的因素，在决策中具有不可忽视的作用。喜怒哀惧会影响人们的态度与判断，进而影响决策。比如我们感到悲伤时，对事件的判断也会变得更消极；有时看似已经控制住了自己的情绪，却未必摆脱了它带来的影响，因而可能做出不理智的决策。

我们现在已经知道，与年轻人相比，老年人在情绪体验方面更为积极，往往有更多的愉悦感受；同时，老年人也表现出更强的情绪调节能力。这种特征与老年人和年轻人对时间不同的感觉以及对不同目标的追求有关。从老年人对信息的关注点上，我们也能明显感受到"积极偏好"的存在。老年人在面临选择时，为了追求自身良好的情绪体验，会尽量避免带有损失、失败、死亡等负面字眼的选项，而更多地关注获利、成功、生还等积极信息。经济学领域的研究也发现，在进行经济投资时，面临100%会发生的小额亏损以及有可能发生的大额亏损，老年人偏向

于承担更高的风险，以避免前一个选项中确定会
遭受的损失。

此外，老年人的决策动机也与年轻人存在差
异。参与决策的动机越强，就越有可能收集更多
相关的信息，仔细地分析并进行比较，最终做出
更高质量的决策。由于人们的生理机能会随年龄
的增长而衰退，老年人在从事脑力活动时更容易
感到疲惫，因此他们"坚持仔细思考"的内部动
机要弱于年轻人。在与年轻人面对相同的问题时，
比起投入大量的精力做决定，老年人更依赖也更
专注于那些简单直观、生动形象的信息。

3. 决策情境

即使投入精力的内部动机相对较弱，决策者
置身的决策情境也会影响最终的决策结果。

试想一下，当你在购物软件上输入你想购买
的商品名称后，界面马上显示出海量结果，不
同品牌、不同样式、不同价格，甚至不同的卖
家……要素过多，你是否感到应接不暇，为此挑
花了眼，甚至犯了选择困难症？法国学者吉勒

斯·劳伦（Gilles Laurent）等人针对汽车购买决策的相关研究发现，老年人在购买汽车时，会搜索更少的品牌、经销商与型号。直接通过删除备选方案减少自己的负担，在让人感到相对轻松的同时，可能会影响购买决策的合理性与优化。

上述现象并不适用于所有领域。尽管囿于众多限制，老年人在汽车购物决策中表现不佳，但当老年人面临健康领域的决策时又是另一番模样了。我们的研究发现，老年人在面对健康、医药相关的问题时，搜索的信息数量以及付出的认知努力并不比年轻人少；甚至在解决与自身关系密切的问题时，老年人表现出的问题解决能力还要优于年轻人与中年人。这就体现出了人们在决策过程中的动机差异。与家中长辈下棋时一起琢磨下一步该怎么走，或许比一起挑一款新手机更能促使老年人认真思考和慎重选择。老年人在一些领域可能需要年轻人的帮助，而在另一些领域，年轻人确实需要老年人的指导。

成为"理性人"的秘籍

老年人在认知、情绪、动机等心理行为方面都有自己特殊的个性与表现，正是这些"特别之处"与生活情境造就了老年人决策的复杂性。早期的大部分研究都发现，由于认知能力下降，老年人在决策任务中的表现通常不如年轻人好。但是随着科学研究的不断拓展以及对日常生活观察的积累，我们不难发现，在某些特定的领域，如医疗健康、人际交往，老年人能表现出和年轻人同等水平的决策结果，有时甚至更优。

那么具体而言，老年人可以做些来什么提升自己的决策质量？年轻人又能做些什么呢？

1. 树立信心

决策的结果会受到很多因素的影响，在优化决策方面，老年人积累的经验与智慧能发挥独特的作用。因此，老年人要树立独立决策与解决问题的信心，积极运用自身的优势，不要畏惧做选择的过程。同时，年轻人也应该抛开偏见，充分且客观地考虑长辈们分享的观点或提出的建议。

2. 降低认知负荷

受流体智力下降的影响，老年人在进行烦琐复杂的分析与比较时，可能更容易感到疲劳。因此老年人更应当集中注意，排除干扰，降低大脑额外的负担，留出更多资源用于决策本身。此外，保留适当的决策时间也是十分重要的。有研究表明，在紧张的时间压力下，人们的决策质量会下滑，呈现更不理性的趋势。因此，老年人和年轻人都应尽量避免仓促匆忙的决策，留出充足的思考时间。

3. 调整关注点

根据社会情绪选择理论的观点，相比于年轻人，老年人会更关注积极的、利于实现情感目标的信息，因此可能忽视选项的消极方面，或被突出强调收益的信息所吸引。同时，由于认知资源的减少，老年人还会更偏好简单明了的内容。带着个人的偏好处理问题或是做出选择，通常无益于理性与客观的决策。因此，老年人可以在做决策前与做决策的过程中有意识地提醒自己，在关注积极信息的同时，也要关注消极信息，全面地看待问题，"像专家一样思考"。虽然年轻人的认知资源相对丰富、精力更加充沛，但其决策也会受到个人偏好的影响。与老年人不同的是，年轻人通常受消极信息的影响更强，因此在做决策前与做决策时应尽量避免受到消极信息的过度影响以免干扰判断。"全面客观"的锦囊，对于任何年龄的决策者都适用。

4. 保持开放的态度

经年累月的阅历能成为帮助老年人决策的"利器"。但是，随着时代的变迁与社会的发展，不加变通就照搬经验的行为反而会局限人们的眼光，限制可能的选择。因此，老年人需要保持积极的学习态度，有意识地接触新事物。有时候，仅仅是了解一些基本信息就能让老年人有效避免被噱头营销之类的宣传所欺骗。年轻人可以有意识地向老年人传递科学、开放的信念，分享官方的、有公信力的资源平台，帮助老年人获取可靠的信息。毕竟，我们唯一确定的，就是不确定性，保持开放的态度更有利于人们做决策。

生活是由许多决策构成的，不论是琐碎的日常选择，还是重大的人生抉择，这些决策都会受到不同人、事、物的影响。当时的你是开心还是难过，是精力充沛还是疲惫不堪，都能左右你对同一个问题的答案。此外，不同的人生阶段也各有差异。老年人积累的丰富经验能弥补其相对于年轻人较弱的专注力，年轻人细致的分析思维则有助于提炼出与其实践经验相当的信息，而这些都是良好决策的助力。保持自信，保持开放，老年人与年轻人在风采各异的人生道路上都会散发光芒。

参考文献

[1] 彭华茂，王大华. 基本心理能力老化的认知机制 [J].
       心理科学进展，2012，20(8)：1251-1258.

[2] 濮冰燕，彭华茂. 认知老化对于老年人决策过程的
       影响：动机的调节作用 [J]. 心理发展与教育，2016，
       32(1)：114-120.

[3] 许淑莲，申继亮. 成人发展心理学 [M]. 北京：人民
       教育出版社，2006.

[4] MATHER M, CARSTENSEN L L. Aging and motivated cognition: the positivity effect in attention and memory [J]. Trends in Cognitive Sciences, 2005, 9(10): 496-502.

[5] SALTHOUSE T A. What and When of Cognitive Aging [J]. Current Directions in Psychological Science, 2004, 13(4): 140-144.

[6] TIANYUAN L, HELENE H F.Age Differences in Trust: an investigation across 38 countries [J]. The Journals of Gerontology: Series B, 2013,68(3): 347-355.

第二部分

理解老年人

关注心理感受

———

由于老年人会经历生理功能和认知功能的下降、社会资源的减少，老年期似乎是一段面临诸多丧失的人生阶段。但是研究者们一再地发现，相比于年轻人，老年人往往有更高的幸福感和生活满意度，以及更积极的情绪体验。学界把这种现象称为"老化悖论"。为什么老年期的幸福感会更高？社会情绪选择理论给出的解释是，老年人因为感觉到未来的时间有限，所以在生活中会以调节自身情绪、获取积极体验为优先目标。这样一来，老年人可能会有意识地去选择那些能带来积极体验的所看、所听、所想、所感。

　　老年人喜欢回忆过去那些美好的事情，在怀旧中体验愉悦，这也是情绪调节的一种表现。很有必要指出的是，虽然很多调查和研究表明老年人的整体幸福感和积极情感体验水平是较高的，但我们不能忽视不少老年人也会体会到的孤独感。家庭规模缩小、与子女缺少沟通、与现代社会生活脱节，都可能会让老年人感到孤独。关于如何减少孤独感，除了人们常说的子女要常回家看看，老年人自身也有很多可以去做的事情。我们在关注老年人情感需求的同时，也不要忽视老年人的自主需求。能够自主掌控生活，是老年人也是其他所有人感到幸福的重要前提。

社会情绪选择理论

社会情绪选择理论是由美国斯坦福大学心理学家劳拉·卡斯滕森教授提出的动机的生命全程理论。该理论认为，时间知觉（无限与有限）对社会目标（知识获取目标与情绪调节目标）的优先选择具有重要影响。与年轻人相比，老年人由于所剩"时日不多"，因此在对未来时间的知觉上会更加有限。一般来说，年轻人的未来时间知觉无限，因此更加关注未来，会把知识获取目标（拓宽视野、获取知识、认识新的人、抓住机会）放在更加优先的位置；而老年人会更加关注当下，把情绪调节目标（情绪满意度、内心幸福感、深化关系、欣赏生活）放在更加优先的位置。当不同类型的目标发生冲突时，老年人和年轻人之间的差异会表现得最为显著。例如，如果在学习一种新技术的过程中必须经受挫败感，根据该理论，年轻人远比老年人愿意为了追求目标而经受消极情绪。

该理论认为，时间知觉还会影响个体对社会伙伴的选择。当被要求根据自己的当前状态在"亲近的家人""新认识的朋友""刚读过的一本书的作者"中选择共度时光的伙伴时，老年人比年轻人更倾向于选择与"亲近的家人"共度时光；如果让年轻人想象自己的生命只剩下30分钟，年轻人的选择就会变得和老年人一样。因此，社会情绪选择理论认为，对社会目标和社会伙伴偏好的差异不是由年龄本身，而是由对未来时间知觉的差异造成的，这种差异在延长或缩短时间知觉后可以被消除。

参考文献

[1] CARSTENSEN L L. The influence of a sense of time on human development [J]. Science，2006，312(5782)：1913-1915.

[2] FUNG H H，CARSTENSEN L L. Motivational changes in response to blocked goals and foreshortened time: testing alternatives to socioemotional selectivity theory [J]. Psychology and Aging，2004，19(1)：68-78.

第 5 章

当你老了，会幸福吗

老年期的幸福感

刘雪萍　整理

────────

　　追求幸福是人类社会永恒的主题。人们追逐的东西有很多：健康、金钱、名望，等等。但假如活得不幸福，所追求的一切似乎就丧失了意义。幸福感应该如何定义？每个人对此都有自己独特的理解。美国心理学家埃德·迪纳（Ed Diener）认为，幸福感是一种主观的心理体验：拥有较高的生活满意度、较多的积极情绪和较少的消极情绪。也就是说，幸福感主要包括两部分：对生活的满意度和情绪体验。因此，若想知道自己的幸福感水平如何，你可以简单问问自己两个问题：我对生活满意吗？我最近的心情好不好？

幸福感变化的 U 形曲线

在人的一生中，幸福感会发生怎样的变化呢？美国学者大卫·布兰法罗（David Blanchflower）和安德鲁·奥斯瓦尔德（Andrew Oswald）对此进行了调查，研究得到了来自 72 个国家（包括发达国家和发展中国家）超过 50 万人的参与。研究发现，人一生的幸福感变化基本符合 U 形曲线。也就是说，人们在年轻时幸福感普遍较高；而当人们步入中年之后，幸福感将会一路下跌，直至抵达人生最低谷，出现"中年危机"。进入老年后，幸福感又会发生怎样的变化呢？

大多数人都认为老年是一个充满悲伤和丧失的阶段。因为到了这个年纪，身体机能不断衰退，健康渐渐被时间所侵蚀，生命正一步一步地走向尽头——还有什么时候会比这段时期更令人悲伤和消极呢？然而事实是，当人们慢慢变老，逐渐失去青春欢唱的活力、鲜亮可人的面庞时，反而更加幸福了！在考虑了婚姻状况、教育背景、收入水平、时代等因素差异后，这个 U 形的人生幸福感曲线模型仍然成立。

其实，在现实生活中，我们常常能感受到老年人旺盛的生命力和平安喜乐的生活状态。随着年龄的增长，人们会有更多满意、平静、放松、高兴的情绪体验，以及更少厌烦、疲劳、愤怒的情绪体验。因此，我们应该丢弃对老年人、老年时期的偏见。

老年人幸福的秘诀

为什么人老了之后会更幸福呢？美国斯坦福大学心理学教授罗拉·卡斯滕森提出的社会情绪选择理论认为，随着年龄的增长，老年人知觉到生命余下时光的减少，因而会把情感满意度和内心幸福感放在更加重要的位置，进而在有情感意义的目标和活动上投入越来越多的资源（可能包括时间、精力、金钱等），增加自己的积极情感体验，并尽可能降低产生消极情感体验的风险。

相比于年轻人，老年人似乎更善于调节自己的情绪，不会对令人不快的事情耿耿于怀。为

了验证这一点，美国加州大学的苏珊·查尔斯
（Susan Charles）教授及斯坦福大学的卡斯滕森教
授研究了年轻人和老年人在不愉快情境下的情绪
反应。研究者让老年人和年轻人听 3 段不同的录
音对话，并想象自己正在偷听对话者污蔑自己。
在每段对话的播放过程中，研究者都会暂停 4 次
录音，让老年人和年轻人报告他们此时的愤怒和
悲伤程度。

　　结果发现，老年人和年轻人报告的悲伤程度
相同，但与年轻人相比，老年人报告的愤怒程度
更低。这可能是因为，随着年龄增长，老年人对
生活的复杂性和模糊性有更多的理解，因此在面
对令人厌恶的社会情境时，更不容易被激发愤怒
情绪。

　　另外，随着年龄增加，人们对消极信息的关
注度会有所下降，转而更加关注积极信息，更喜
欢那些让自己感觉愉悦和舒服的信息，出现"积
极效应"。老年人的这一倾向还得到了神经影像
学的支持。美国加州大学的马拉·马瑟（Mara
Mather）教授让老年人和年轻人观看同样的积极、

消极和中性的图片，并对他们的大脑进行扫描。结果发现，年轻人在观看积极和消极图片时，大脑中主管情绪的杏仁核都会高度激活，在观看中性图片时则不会。而老年人只有在观看积极图片时，杏仁核才会激活。也就是说，老年人的大脑减少了对消极图片的情绪唤起，对积极图片情有独钟。

趋近积极、远离消极，这样的倾向使得老年人更容易感受到幸福。老年人常常会去想自己所拥有的，而不是被无法得到的事物困扰。老年人会格外珍惜自己的亲密老友，而不会在无法给予自己情感满足的社交上浪费时间。愿意为重要的人投入更多，因此获得的满足也更多。而对于那些让人感觉不舒服的人和事，老年人会选择远离。这些看似平常的举动，正是守护老年人幸福的秘诀所在。

老年人如何变得更幸福

尽管整体而言老年人会拥有较高的幸福感水

平，但依旧有些老年人生活得并不幸福。都说"幸
福的人大都相似"，在我们无法改变的客观条件下，
有哪些通往幸福的途径呢？

老年人可以做什么

1. 每天记录 3 件让自己开心的事

积极心理学之父、美国心理学家马丁·塞利
格曼（Martin Seligman）的研究发现，每天记录
3 件好事能让自己更加幸福。从今天开始，我们
就可以让自己变得更幸福——只要每天晚上抽出
10 分钟，写下当天发生的 3 件开心的事情。无论
是写在日记里，还是记在手机上都可以。这 3 件
事可以很微小（如"今天买的蔬菜很新鲜，真开
心"），也可以很重要（如"女儿交了一个特别好的
男朋友，看到她幸福的样子，我真欣慰"）。坚持
记录，可以让老年人更容易感知到生活中的幸福。
在不开心时翻看自己的幸福记录，心头的忧郁很
可能会在不知不觉中烟消云散。

2. 多和不如自己的人做比较

北京师范大学老年心理实验室黄婷婷等人的研究发现，与年轻人相比，老年人更少"比上"，更多"比下"。随着年龄增长，老年人的健康、记忆等各个方面都开始衰退，这让他们逐渐失去对生活的控制感，在很大程度上损害了他们的生活质量。研究发现，和不如自己的人做比较，可以帮助老年人维持甚至提高幸福感水平。这可能是因为我们在拥有某样东西的时候，往往容易忽视它的存在，甚至觉得拥有它是理所当然的；但是，只有在看到有些人并没有拥有我们习以为常的东西时，我们才会更加珍惜自己所拥有的。和不如自己的人做比较给了我们一个契机，去看到并感恩自己所拥有的一切，因而更容易感到幸福。

身边的人可以做什么

1. 关注并尊重老年人

黄婷婷等人的研究还发现，相比于经济地位（是否富有），老年人的幸福感更容易受到自己被尊

重、羡慕的程度及影响力大小的影响。因此，晚
辈固然要为老年人提供安心舒适的物质生活，但
更重要的是给予他们足够的尊重和关注，让他们
感到自身是有价值的、被尊重的。例如：在家庭
事务上询问老年人的意见，肯定他们对家庭的贡
献；在涉及老年人自身的事情上，不要自以为是
地包办代办，而要多问问老年人自己的意见，给
予他们更多的选择权；关注或询问老年人有什么
想要完成的心愿，帮助他们一起实现它。

2. 发挥家庭、朋友、社区的共同作用

中科院心理所詹奕等人的研究表明，与配偶、
子女、朋友、邻居、同事、社区的关系都能显著
预测老年人对生活的满意程度。无论是有配偶还
是无配偶的老年人，子女的支持越多，关系质量
越好，老年人的生活满意度就越高。国内一项全
国范围取样的研究的结果显示，与子女同住的老
年人的生活满意度更高，与配偶同住的老年人的
情绪幸福感更高。也就是说，家庭中老伴和孩子
的支持是让老年人感到幸福的定海神针。

同时，家庭之外的支持对老年人的心理健康和幸福感也有很大贡献。和朋友、邻居、同事之间的接触和交流越多，关系质量越好，老年人对生活的满意程度就会越高。社区工作者为老年人搬一袋米、送一桶水、陪老年人聊天……这些也可以显著提高老年人的生活满意度；因此，由政府主导的社区建设是值得肯定和大力发展的。

幸福是可以伴随人的一生的。年老之后，恰恰是距离幸福更近的时候。老年人主动去感受、记录、感恩生活中的美好，家人多多支持、陪伴、尊重老年人，社区为老年人提供必要的支持和帮助。三者有机结合，老年人的幸福必将更加稳定和长久。

参考文献

[1] 黄婷婷，等. 经济地位和计量地位：社会地位比较对主观幸福感的影响及其年龄差异 [J]. 心理学报，2016，48(9)：1163-1174.

[2] 詹奕，等. 老年人的家庭和非家庭社会关系与生活满意度的关系 [J]. 中国心理卫生杂志，2015，29(8)：593-598.

[3] BLANCHFLOWER D G, OSWALD A J. Is well-being U-shaped over the life cycle? [J]. Social Science & Medicine, 2008, 66(8): 1733-1749.

[4] CHARLES S T, CARSTENSEN L L. Unpleasant situations elicit different emotional responses in younger and older adults [J]. Psychology & Aging, 2008, 23(3): 495-504.

[5] MATHER M, CANLI T, ENGLISH T, et al. Amygdala responses to emotionally valenced stimuli in older and younger adults [J]. Psychological Science, 2004, 15(4): 259-263.

第 6 章

朝花夕拾

怀旧的意义

怀淇琛　整理

忙碌的生活总是推着我们一直向前走，但是，无论是谁，都会面临这样的时刻：驻足回眸过去，回味和欣赏一路走过的路边风景。怀旧似乎已经成为新时代的文艺风向标，许多文学影视作品凭借着"忆青春""重回过去"的标签大卖，用学生时代无限循环过的音乐做插曲，以青春岁月中暗恋隔壁班女孩或者为班级争荣誉的经历为题材。读者和观众总是能在主人公的身上看到一代人的影子，很难不产生共鸣、为之动容。

除了在年轻人中，怀旧现象在拥有更丰富的人生阅历的老年人中也非常普遍。许多流传至今的名家语录都描写了老年人的怀旧心理。宋末元初的诗人刘壎有言"余亦六十有六矣，老冉冉至，怀旧凄然"。革命家廖承志先生曾写道"人到高年，愈加怀旧"。在现实生活中，喜欢在闲暇时间对晚辈讲述年轻时代"光荣事迹"的老年人也不在少数，有时候，相同的故事他们可以不厌其烦地讲很多次，而且每次讲述都语气激昂、感情充沛。

那么，老年人一般会怀旧些什么呢？怀旧对于老年人来说又意味着什么呢？

好汉也提当年勇

怀旧，是指怀念过去的心理现象。由于怀念的内容和自我高度相关，怀旧通常伴随着复杂而充沛的情绪体验。怀旧既可以是有意唤起的，比如，向他人传授生活经验时，个体会主动回忆自己过去经历的事情；也可以被无意识地唤醒，比如，触景生情、见字如面、听到一首歌曲便被勾起对一段时光的眷恋。老年学研究者们认为，不论有意还是无意，怀旧都是一个"自然发生的过程"，就像是对生命历程的一个回顾。

　　人们有时会将怀旧与伤感联系在一起，"思乡病""怀古伤今""人生莫羡苦长命，命长感旧多悲辛"等许多描述无不给怀旧扣上了一顶消极悲观的帽子。其实不然，怀旧可以如"忆往昔峥嵘岁月稠"般正面向上，也可以如"结欢随过隙，怀旧益沾巾"般落寞，还可以是苦乐参半的。在生活中，我们和老年人进行交流时也不难发现，他们会回忆让自己自豪、有成就感的美好事物，也会倾诉年轻时的遗憾和教训。

　　心理学家对老年人的怀旧现象进行了研究，发现老年人怀旧的对象五花八门，包括人物、物品、场景、纪念事件、生命中的某个时期、过去的自己，等等，但是往往离不开自我、社会、失去与补救等主题。同时，在这些有关过去的故事中，叙述者自身大多是故事的主角，并且被自己的亲密他人围绕，只在很少的情况下（例如见证有影响力的社会事件时）才担当配角或者旁观者的角色。

　　正如前面所说，怀旧不分年龄，每个年龄阶段的人都有回味过去的权利，那么，他们的怀旧有没有什么不同呢？加拿大兰加拉学院的学者杰弗里·韦伯斯特（Jeffrey Webster）和美国加州圣玛丽学院的学者玛丽·麦考尔（Mary McCall）发现，虽然老年人与青少年、成年初期的人在怀旧内容总量上没有差异，但是他们怀旧的目的却有着明显的不同。年轻人回想过去更多是为了探寻自我或者解决问题，而老年人怀旧经常是为了传授经验、维持与他人的亲密关系。这种差异说明，与年轻人相比，老年人对过去的人或事物有着更深厚的感情。但是，与迟暮落寞的刻板印象相反，老年人从怀旧中获得的情感体验要比年轻人更加积极。美国斯坦福大学的劳拉·卡斯滕森教授指出，随着年龄的增长，个体生存的动机慢慢由"知识获取"转为了"情绪管理"。老年人在怀旧时也是如此：他们追忆往昔时更关注记忆中的积极要素，也由此获得了更积极的情感体验。

这在一定程度上解释了老年人"怀旧性记忆上涨"的现象。所谓怀旧性记忆上涨，是指老年人怀旧的内容多数集中在青少年时期和成年初期，而且有关这两个时期的记忆比其他时期更加生动。
一方面，青少年时期和成年初期是自我成长的关
键阶段，无论是为学业事业而奋斗，还是收获爱
情组建家庭，都有可能成为记忆中美好、积极的
片段，结合前面卡斯滕森教授的理论，老年人为
了获得更好的情绪体验，会更愿意回忆这些内容。
另一方面，这两个时期也是个体智力发育的顶峰，
与婴幼儿期、老年期相比，发生在这两个时期的
事情得到了大脑更好、更深层次的加工，因此容
易在之后回忆时突显出来。

忆往昔，展未来

有人也将怀旧称为"回归心理"。在匆匆向
前的人生路途中偶尔驻足，暂时搁置前方的目标，
回想和总结过去的经历，从中吸取经验教训或者
汲取情感养料，会对当下和未来的生活有所启
迪。所以说，老年人怀旧也是一种生活的智慧。
西南大学的学者薛婧和黄希庭总结了国内外关于
怀旧心理的多篇研究，发现怀旧对老年人保持愉

悦、寻找自我和维系关系等方面都具有稳定的积极意义。

1. 怀旧是老年人积极情绪的贮藏室

研究者对人们叙述的怀旧故事进行分析，发现个体在怀旧过程中产生了更多温暖、愉悦之类的积极情绪。对于老年人来说更是如此：回想过去欢乐的经历甚至会让他们产生一种"兴高采烈"的感觉。这也解释了老年人为什么能一次次慷慨激昂、声情并茂地演绎当年的故事。过去的一些事仿佛被他们珍藏着，他们不断借此重温往昔时光的美好。

2. 怀旧是老年人寻找更好的自我的阶梯

第一，怀旧是一种保护机制，可以让人们用更积极的眼光看待自我。研究发现，怀旧能够提升人们的自尊。老年人不可避免地面临部分认知能力的退化，但他们可以通过回忆过去的成功经验来肯定自己，从而减轻能力下降对自我印象的威胁，增加对自我的积极评价。

第二，怀旧可以让人们变得更加善良、乐于助人。国内心理学者周欣悦教授和她的团队深入探索了怀旧的力量，他们让一部分志愿者写下怀旧事件，让另一部分志愿者写下刚刚发生的普通事件，然后请志愿者们为灾区捐款。结果发现，那些被激发起怀旧情绪的志愿者们更愿意为灾民们提供帮助。

第三，怀旧为处于老年期的个体提供了整合自我、正视死亡的机会。心理学家埃里克森提出，老年阶段的重要发展任务就是回顾整个生命历程，唤醒并重新审视未解决的心结，最终接纳自我，坦然面对死亡。怀旧恰恰是这样一个回顾往昔的过程：珍重的记忆像幻灯片一样一幕幕放映，个体能够统一过去的自我和现在的自我，感受到生命的一致性和生活的意义，也会逐渐意识到时光一直在流逝，死亡是一个必然降临的节日，从而降低焦虑与恐惧，以一种冷静、接纳的态度来看待终会到来的死亡。

3. 怀旧是老年人和社会保持紧密联结的桥梁

研究发现，经常怀旧的个体和社会的联系往往更紧密，有较强的人际交往能力，同时也会感受到自己被更多的人关爱和保护着。怀旧不仅仅是回忆过往的情境和事物，更是一种很深的社会情绪，是一个与过去生命中重要的人、难忘的事重新建立联系的过程。人至暮年，多多少少经历过一些离别，也难免会有"世间再无知己"的孤独感，怀旧能够帮助他们重拾过去与他人的亲密关系，并将此重建为自己的一部分，从而获得安全感和归属感。也正是因为这样，具有怀旧感的个体较少封闭自我，拥有与他人、与社会建立新联结的勇气，能够过上高幸福感、高质量的老年生活。

湎于过去亦有弊

虽然对于老年人来说，怀旧有着显著的心理适应性意义和价值，但是过度怀旧被定义为一种不良的心理状态。荷兰特温特大学的学者盖尔本·韦斯特霍夫（Gerben Westerhof）、恩斯特·波梅耶尔（Ernst Bohlmeijer）和加拿大兰加拉学院的学者杰弗里·韦伯斯特（Jeffrey Webster）对老年人的怀旧现象进行了更细致的分类，其中就包括强迫式怀旧这一类别。强迫式怀旧是指个体反复向他人讲述一些消极的回忆，以宣泄自己的愧疚、心酸和绝望。在这种形式的怀旧中，个体往往沉浸在相关的消极情绪中难以自拔，一旦被他人或者情境因素打断，就会表现出焦躁易怒、焦虑或者抑郁的症状。医学研究已经证实，过度怀旧于身心无益，甚至会加速身体的衰老。有严重过度怀旧倾向的老年人的死亡率、癌症和心血管疾病发病率比其他老年人高出 3 ~ 4 倍，患有消化系统疾病、阿尔茨海默病、抑郁症等疾病的比例也相对更高。

那么，当老年人处于过度怀旧之中，特别是总是回想过去的不愉快经历时，自己和身边的人能够做些什么来减少这种不良的心理状态呢？

1. 多与他人沟通交流

步入老年后，个体面临着社会角色的转变，社交圈相比之前会小很多，再加上身体行动不便，与外界接触的机会更是少了许多。老年人难免会因此感到无聊和孤独，会试图通过怀旧的方式找寻心灵的慰藉，这也是怀旧的价值所在。但是，沉湎于过去只是一时之计，再美好的回忆也不能代替现实。所以，不妨多和三五好友或是自己的子女聊聊天，多参加一些社会活动，来弥补孤独感，让自己的情感在现实中也能有所依托。

2. 给自己找找生活中的乐趣

老年人的时间不再被工作填满，生活节奏慢了下来，有时可能会觉得无所事事，生活的乐趣少了许多。其实，老年人平时不用总是守在自己的小屋子中，可以多出去走走，做一些体育锻炼，亲近大自然，为家庭做一些力所能及的事，或者培养自己的兴趣爱好，比如，看书、跳舞，让每一天的生活都充实起来，这样也就会有更多的机会感受到生活的乐趣。

3. 家人多给予理解和支持

老年人不厌其烦地重复讲述同一段往事时，家人如果能够少一点不耐烦，多一点倾听和应和，就能让他们感受到实实在在的支持和关注。有时间的话，家人不妨主动和老年人聊聊天，减轻他们的孤独感，让他们不至于沉溺于过度怀旧之中。

希望怀旧于老年人而言，不单单是为了缅怀过去，更是为了在过去的美丽或缺憾中寻找前进的动力，激励自己更好地立足当下，坚定地走向更美好的未来。

参考文献

[1] 薛婧，黄希庭. 怀旧心理研究述评 [J]. 心理科学进展，2011，19(4)：608-616.

[2] ROUTLEDGE C，ARNDT J，WILDSCHUT T，et al. The past makes the present meaningful: nostalgia as an existential resource [J]. Journal of Personality and Social Psychology，2011，101(3)：638-652.

[3] WEBSTER J D，MCCALL M E. Reminiscence

functions across adulthood: a replication and extension [J].
Journal of Adult Development，1999，6(1)：73-85.

[4] WESTERHOF G J，BOHLMEIJER E，WEBSTER D
J. Reminiscence and mental health: a review of recent
progress in theory，research and interventions [J].
Ageing & Society，2010，30(4)：697-721.

[5] ZHOU X Y, WILDSCHUT T, SEDIKIDES C, et al.
Nostalgia: the gift that keeps on giving [J]. Journal
of Consumer Research, 2012, 39(1), 39-50.

第 7 章

多希望有人陪

应对晚年的孤独

高林　整理

————

当你老了

头发白了

睡意昏沉

当你老了

走不动了

炉火旁打盹

回忆青春

————《当你老了》

　　每当哼起这首歌，笔者的脑海中总会浮现出这样一幅画面：冬日里昏暗的灯光下，满头白发的老人独坐在炉火旁，似乎在诉说着往事，却无他人聆听。这是一幅多么凄凉的画面啊！

"自从去年我母亲去世后，70多岁的父亲就完全变了一个人，一下子成了'暴躁老头'，总是蛮不讲理、无理取闹"。菜稍微有点儿咸，他就说'你要吃死我吗'。到家稍微晚几分钟，他也会大发脾气，说我要把他赶到敬老院去。有一次妹妹帮我说了几句好话，他居然拿着拐杖打我们俩，我已经不知道该拿他怎么办了……"

老年人突然变得暴躁，可能是孤独惹的祸。只有理解他们的心理特点和需求，才能支持和陪伴他们度过更加平和、充实的晚年。

孤独对晚年生活的影响

生活中，老年人常常面临较大的社交孤立风险。与外界接触少以及在社会交往中出现不适应，都容易使老年人产生孤独感和抑郁情绪，进而引发更多的痛苦与不适。情感上的脆弱让老年人更渴望得到外界的关心和支持。

持续的孤独常常让老年人表现出两种情绪：要么沉默寡言，情绪低落，对周围的人和事失去兴趣；要么急躁易怒，对周围的人和事都看不惯，为一件小事大发脾气。生理功能和认知功能的衰退可能会让老年人愈发感到自己"老了，没有用了"。如果感受不到自我价值的存在，老年人对他人和自己的评价就会变得消极，容易出现情绪低落的状态，由此也更容易曲解他人的行为和意图，从而变得暴躁。暴躁可能是为了引起周围人的注意，来享受作为众人焦点的"满足感"。但这样破坏人际关系，反而又加重了孤独。

更糟糕的是，长期孤独会使老年人的免疫力下降、慢性病增多，进而更容易造成社会功能缺失。澳大利亚格里菲斯大学的莫伊尔（Moyle）等人的研究表明，孤独感强的老年人的认知功能下降得更快，心血管疾病和阿尔茨海默病的患病率更高，寿命也更短。美国加州大学对1600名老年人的追踪调查发现，经常感到孤独的老年人的寿命比很少感到孤独的老年人约短6年。

事实上，很多老年人都会有孤独感，只是不会表达出来。英国老年人社交网站Gransnet调查了1014名50岁以上的中老年人，询问他们是否感到孤独。结果显示，有近 3/4 的人觉得"有时"或"一直"感到孤独，而其中 56% 的受访者表示自己从未向外人承认过这一点；71% 的受访者谈道，亲友如果知道自己感到孤独，一定会"震惊不已"。

"空巢"综合征

　　"空巢"综合征是父母因为子女离开而难以适应，同时因为缺乏关爱、与子女沟通存在障碍等问题而产生的一系列身心症状；主要表现为焦虑、失落、抑郁、恐惧、失眠、头痛、食欲不良等。这些症状如果长期得不到缓解，就会导致老年人变得性格孤僻自闭、内分泌紊乱、免疫力下降，严重时甚至可能引发痴呆。许多研究发现，"空巢"老年人常常会觉得被子女抛弃或被孤立了，由此变得悲伤、焦虑、抑郁、失去信心、自我否定或低自尊等。相比之下，非"空巢"老年人的心理健康水平更高，情绪状态更好。不过，也有研究发现，如果老年夫妻能够一起积极应对"空巢"生活，用其他方面来弥补与子女联系的缺失，经过一段时间的角色适应后，症状就会逐渐消失。

家庭与社会带来的孤独

老年人的孤独一方面源于与子女联系的缺失，另一方面也受到社会环境的影响。

第一，子女迁徙产生越来越多的"空巢"老年人。 地理隔离使子女难以长时间、近距离地为老年人提供情感支持，使得老年人容易产生孤独感。虽然有些老年人会跟随子女迁移，但是难以融入陌生的新环境也可能引发孤独感。

第二，独生子女现象助长了老年人的孤独。 如今在很多家庭中，赡养父母的责任由独生子女独担。面对更大的经济压力，子女会更多地忙于事业，进而缺乏陪伴父母的时间和精力。尽管子女会在物质上对父母尽孝，但是这无法补偿老年人需要的情感陪伴和精神支持。

第三，与晚辈之间的沟通障碍让老年人感到被冷落。 一些年轻人虽然本意并不想冷落老年人，但仍不愿意与他们聊天。这可能是因为有的老年人在交谈中更喜欢扮演倾诉者的角色，或者与年轻人感兴趣的话题不同。此时，如果年轻人缺乏

耐心，经常回避与老年人的长时间沟通，就可能
会使老年人感到被冷落。

**第四，社会生活方式的快速变化加重了孤独
感**。例如，当年轻人已经习惯了电子支付的时候，
一些老年人连支付码和收款码都还分不清楚；当
年轻人已经习惯了网约车出行的时候，一些老年
人还在疑惑自己招手怎么打不到出租车了。这种
与社会的"隔离感"和对生活的"失控感"加重
了老年人的孤独。

除此之外，亲人离世、健康状况不佳、离退
休、独居等因素都可能引发老年人的孤独感。

走出孤独，拥抱幸福晚年

晚辈给予老年人外部支持或老年人采取积极
独处的应对方式都能帮助老年人走出孤独。

一项关于瑞典独居老人的研究证实，获得更
多的社会支持能减轻老年人的孤独感。走出家门
建立良好的邻居和朋友关系，不仅能让老年人获
得情感上的支持，还能让他们在生活中得到实际

的帮助。但是，邻居和朋友并不能完全替代亲人的作用。子女常回家看看或者多陪老人聊天，能有效改善老年人的心理状况。

在与晚辈沟通时，老年人需要注意的是：

- 避免持有居高临下的态度，要尽量随和；
- 有时可以扮演倾听者，或者找到双方共同感兴趣的话题；
- 注意对方的情绪态度，不要一味侃侃而谈，不顾及他人感受；
- 有意识地控制自身爱重复的习惯，避免引起他人的不满与厌烦。

晚辈可以做的是：

- 充分理解老年人的听力和记忆衰退等生理、认知特点，对老年人保持足够的耐心；
- 多鼓励多夸奖，引导老年人获得积极的情绪；
- 陪伴老年人一同回忆过去的事情，听听他们的往事；
- 与老年人共同做一件事，增进彼此的交流和情感联结。

　　除了从邻居、朋友和亲人那里获得支持外，养宠物也能起到良好的效果。英国圣安德鲁斯大学的一项研究发现，拥有宠物狗的老年人比他们的生物学年龄年轻 10 岁。宠物或许有助于减轻老年人的孤独感和抑郁感，并降低血压。因此，饲养一只温顺的小型犬或猫对精力有限的老年人来说也许是一个不错的选择。

　　借助以下方式，积极应对独处，老年人自己也能走出孤独：

1. 自我整合，重拾生活的意义

　　要达到这个目的，最简单的方式就是写日记了。如果可以自己拿笔写字，那么老年人可以试着将自己早年的经历通过回忆记录下来。如果无法拿笔则可以准备一只录音笔，用口述的方式将自己的经历和生活感悟记录下来。这个过程可以使独处的时光变得丰富多彩，留下来的资料也会非常有价值。

2. 发展新的兴趣，学习新的东西

　　独处时往往是创造力最强的时候，很多发明

都是在独处的环境下完成的，因为在这时候，人可以不受外界干扰，全身心地投入思考和寻找灵感。老年人可以利用独处时间进行一些创造性活动，例如画画、做手工、跳舞等。很多老年人总是羡慕别人享有的这些乐趣，自己却难以踏出尝试的第一步。其实，只要鼓起勇气开始尝试，就会越做越有趣，越来越得心应手。

活到老学到老是一种智慧。身体的衰老并不意味着学习能力的丧失，人在晚年拥有更多的时间去学习新东西，比如美术、音乐等。如果在年轻时没有接触这些内容，不妨在老年时去学。当然，学习可能需要集体的场合或者指导老师，但是独处的时间也可以用于巩固所学和自学。丰富独处时间会使老年时光更加丰富多彩。

3. 走出家门，充分享受老年时光

美国马萨诸塞大学阿莫斯特分校学者朗（Long）和埃夫里尔（Averill）的研究发现，人们最常独处的地点是家，其次是大自然。在大自然中独处时有许多值得尝试的活动，例如在

黄昏时散散步、去湖边钓鱼等。如今有越来越多老年人参与摄影活动，每年的花开叶落时节，总有很多爷爷奶奶端着"长枪短炮"留住美景，这种与大自然的亲密接触也是一种有益身心的独处方式。

> 独处分为自我决定独处和非自我决定独处。自我决定独处是主动选择的，例如为自我提升或享受安静而独处；非自我决定独处则是被动的，例如因为害怕与人交往而逃避人群。从动机上讲，如果仅仅是觉得一个人待着舒服，不愿意与人沟通，这种独处就是"孤僻"；如果是为了自我实现、独立思考和创造而选择独处，这才是"积极独处"。
>
> 研究表明，愿意定期花时间独处的成年人的幸福感更高，因此独处并不都是消极的。积极独处有助于提升生活质量和主观幸福感。积极独处是为了更好地融入其他关系中，更好地适应生活的变化和压力。

参考文献

[1] 戴晓阳，陈小莉，余洁琼. 积极独处及其心理学意义 [J]. 中国临床心理学杂志，2011（6）：830-833.

[2] 赖运成. 老年人孤独感的研究进展 [J]. 中国老年学杂志，2012，32(11)：2429-2432.

[3] 卢慕雪，郭成. 空巢老年人心理健康的现状及研究述评 [J]. 心理科学进展，2013，21(2)：263-271.

[4] 彭华茂，尹述飞. 城乡空巢老年人的亲子支持及其与抑郁的关系 [J]. 心理发展与教育，2010，26(6)：627-633.

[5] 夏秀. 离退休老年人心理孤独感及影响因素 [J]. 中国健康心理学杂志，2015，23(11)：1727-1730.

[6] 中国的人口老龄化：趋势、策略及合作展望[C/OL].（2019-09-26）.https://www.jetro.go.jp/ext_images/china/20190926-02.pdf.

[7] LONG C R，AVERILL J R.Solitude: an exploration of benefits of being along [J]. Journal for the Theory of Social Behaviour.2003，33(1)：21-44.

[8] MOYLE W，KELLETT U，BALLANTYNE A，et al. Dementia and loneliness：an Australian perspective [J]. Jounrnal of Clinical Nursing，2011，20(9-10)：1445-1553.

[9] VICTOR C R，BOWLING A. A longitudinal analysis of loneliness among older people in Great Britain [J]. The Journal of Psychology，2012，146(3)：313-331.

第 8 章

不只是健康长寿

老年人的心理需求

金梦菡　整理

　　我们可能常常觉得，年老之后，只要能健康长寿就好。但健康长寿似乎被默认为老年人标配的甚至有些单一的需求。每逢过年过节，可能许多人都认为，给老年人送点营养品保健品就好，毕竟老年人最需要的是健康。但事实真是这样吗？老年人关注购买保健品仅仅是为了健康吗？老年人上当受骗是因为脑子糊涂吗？老年人的生活需要子女为他们安排好吗？对于老年人而言，他们真正需要的是什么呢？

老年人内心深处的需求

我们生存于世，会有各种心理需求，满足这些需求成为我们行为的动力。美国罗切斯特大学的心理学家爱德华·德西（Edward Deci）和理查德·瑞恩（Richard Ryan）提出了关于人们基本心理需求的理论——自我决定论（self-determination theory）。自我决定论指出，联结（relatedness）、自主（autonomy）和能力（competence）这三种心理需求是关乎人们幸福感的基本和核心需求。联结的需求是指希望能够建立并维系相互信赖的人际关系，能够从关系中获取归属感、安全感和意义感。自主的需求是指希望能够自由主动地选择自己要追求的目标，遵循自己的内在兴趣，自发地进行喜爱的活动。能力的需求是指希望能够感受到自己付出精力的行动是有效的，能够完成相应的目标，能够掌控自己的生活，比如生活自理、独自出行、学会用智能手机。这三种心理需求是滋养我们内心的营养要素。满足这些需求，对于人的持续性成长、内心的整合以及获得幸福感是非常重要的。

爱与温暖：联结的需求

　　联结的需求是指我们需要与他人建立、维持温暖且值得信任的人际关系，并且从中获得归属感。不能与他人建立良好的关系，往往令人感到孤独与沮丧。笔者曾经在研究中接触到一位令人印象深刻的女性。这位阿姨也就 60 岁出头，看起来却十分疲惫苍老。在研究访谈之后的闲聊中，她在提到自己的家庭生活时难过地流下了眼泪。她告诉笔者，她和老伴与婆婆同住，子女住得离自己较远。她平日里为家人付出很多，却得不到尊重和情感上的反馈。老伴总是和她吵架，常常冷眼相对；婆婆同样嫌弃她，经常给她脸色看。而这些事也很难向孩子诉说。她常常憋着委屈，觉得自己在生活中完全感受不到来自家人的温暖。关系联结的匮乏和低质量给这位阿姨增添的乏力和倦怠感显而易见。

　　老年人对于关系联结的需求可能比年轻人更加强烈。正如社会情绪选择理论指出的，相比于年轻人，老年人会认为自己生命所剩的时间是有限的。这种时间有限的观念会使老年人更加珍惜时间。他们会追求对自己而言更有意义的目标，特别是情感上的目标。在人际关系方面，他们会表现得更加珍视重要的家人朋友以及与他们的情感联结，比如更加珍视和老伴的关系，希望能和子女有更多的交流，他们希望能够在这些亲密的人际关系中感受到满足感和幸福感。

关于老年人对关系联结的需求，上一章已经提供了比较详细的阐述。在接下来的内容中，我们将更多地关注老年人对自主和能力的需求。

做自己生活的主人：自主的需求

自主的需求是指一个人对于能够根据自己的目标和价值观来对自己的生活和行为进行自主的选择和控制的需要。也就是说，个体希望能够满足这样的基本需求：能够按照自己的想法做自己想做的事，过自己想要的生活；能够成为自己生活的主人。自主的需求不仅对于普通成年人很重要，对老年人也很重要。许多研究都发现，自主需求的满足与老年人积极情绪的增加和消极情绪的减少有着紧密的联系。美国心理学家艾伦·兰格和朱迪斯·罗丁（Judith Rodin）对疗养院里的老年人进行了关于自主需求的研究，他们发现，如果这些老年人能够对自己的生活负责并加以控制（比如自己安排房间的布置，自己照顾植物，自己选择看电影的时间等），那么相较于那些被疗养院工作人员安排生活的老年人，他们会有更强的活力和更愉悦的生活体验。

到了老年阶段，许多人可能会主动或被动地放弃对自己日常生活的控制。有些老年人生活的方方面面都被子女操持打理着，或者被疗养院和养老院管理着，使得他们逐渐丧失了对自己生活的控制能力，从而丧失了自主性和自我责任感。有些子女害怕父母劳累，于是揽下了生活中的各类琐事；他们可能出于好心不让父母干任何活儿，也可能由于害怕父母上当受骗而阻碍他们外出社交。这样一来，老年人真的会变得无所事事，并失去自己对生活的掌控。这种生活控制感的丧失对老年人的身心健康其实是有害的。因此，在为老年人服务的过程中，无论是家人还是护工，都要格外注意多鼓励老年人做自己力所能及的事情，让他们做自己生活的主人。让老年人保持生活的自主性，保留做决定的权利，尊重他们的个人想法和选择，才真正有益于老年人的身心健康。让老年人有选择权和控制感，而不是事事包办代替，才是尊重老年人的关键。

在家庭之外，社会也要为满足老年人的自主需求提供空间。可喜的是，近年来国家和社会格外关注此类问题。比如2020年我国公安部发布的关于取消申请驾照年龄限制的措施就进一步保障了老年人的出行机会和权利，而不再一刀切地把70岁以上的老年人"拦在车外"。有些人觉得取消年龄限制可能带来更多安全上的隐患，也有人认为这样的措施能够更好地适应老龄化社会的到来。其实，取消申请驾照的年龄限制并不意味着70岁以上的老年人可以轻松拿到驾驶证。他们不仅需要考取难度标准统一的驾驶证，还需要接受额外的认知测验和生理检查。不过，只要他们愿意并且有能力，他们就可以选择去考驾照。这样的方式也许能够让老年人感受到，即使自己上了年纪，也能对开车这件事有着自主选择的权利和控制感。这样的自主需求的满足对他们而言是十分珍贵的。

做好小事不简单：能力的需求

能力的需求是指一个人在特定的环境下，能够知觉到自己的行为是有效的，能够很好地掌控自己生活中的重要领域，而且自己的行为在特定情境中能够带来积极正面的反馈。对能力和自主的需求看起来可能有些相似。对自主的需求强调的是人们能否对自己的生活有着基于自己想法的控制和选择，也就是说，能不能自行选择需要或不需要什么，做或不做什么。对能力的需求强调的则是人们的行为能否对所处的生活情境有效地施加影响和掌控，也就是说，能否有效、成功地完成某些活动。

对于老年人而言，生活能够自理，能够顺利完成自己想做的事情，并且做得不错，他们对能力的需求就能够得到满足。笔者一位朋友的父亲在退休之后喜欢上了摄影。单反相机的复杂操作使很多年轻人都知难而退。但这位老年人自从喜欢上摄影之后，整个人仿佛回到了年轻时的状态，积极主动学习，参加社区摄影培训班，结交摄影老伙伴，在不断拍摄中变得越来越专业。每每讲到他的摄影大片时，他脸上都洋溢着欢喜之情。对自己能力的感知，让老年人充满了自信。

不过，老年人有时候会在一些年轻人认为轻而易举的事情上遭遇挫折，从而产生挫败和沮丧感，对自己的能力产生怀疑。比如，在新冠肺炎疫情暴发后不久，进出超市、医院、地铁站等公共场所时，都开始需要用智能手机扫描健康码。年轻人可能想当然地认为这件事很简单，也就是十几秒的事。直到老年人使用健康码出现困难的话题被推上了新闻热搜，这个问题才逐渐受到大家的关注。很多人可能才意识到，许多老年人即使有智能手机，使用起来也没有那么顺利，更别说快速地找到相关的应用软件和小程序，并在小程序里成功地扫描二维码了。如果老年人在这种情境下频频遇到困难，他们可能就会产生很大的挫败感，对能力感的需求可能就会得不到满足。
人们应该在生活中更加敏感地留意相关问题，不
要忽视老年人遇到的困难，要帮助他们更好地在
生活中体验到能力感。

　　到了一定的年龄之后，由于身体机能的衰退
和认知能力的下降，老年人可能会在生活中遇到
大大小小的困难。这时他们可以通过一些替代性
的、补偿性的方式来满足自己对能力感的需求，
也就是说，他们可以选择性地放弃那些目前不太
实际的目标，投入到其他更有可能实现的事情和
目标中去。这种选择性的"放弃"并不一定是什
么坏事，反而是一种帮助维护老年人能力感的重
要方式，也是帮助其成功适应老年期的关键之
一。比如，当开车出行对自己而言变得很困难
时，老年人可以选择乘坐公交车出行，这时候他
体会到的能力感是"我还能独立出门"，这可能
比对"我已经不能开车了"耿耿于怀更有适应
价值。

　　即便到了生命末期，老年人这种对能力感的
需求仍然十分重要。德国海德堡大学的安德烈亚

斯·诺伊鲍尔（Andreas Neubauer）等研究者发
现，对于 87 岁以上的高龄老人而言，能力感能
够在最大程度上预示他们的主观幸福感。研究者
解释道，到了生命的末期，在日常生活中感受到
自己能够有效地掌控自己所处的情境是非常重要
的，比如能生活自理。到了生命末期，许多老年
人可能会逐渐发现，哪怕是生活中的日常小事，
自己完成起来也越来越困难。也就是说，他们对
自己生活情境的掌控感和能力感的满足变得越来
越稀缺和重要。

　　在某些时候，自主感和能力感可能会有一定
的重叠。比如，对一些已经丧失一定生活能力的
老年人而言，他们不得不基于自己的能力现状选
择性地参与特定的活动或实现特定的目标。也就
是说，对于老年人而言，对自主需求的满足在一
定程度上可能首先要依赖于对能力需求的满足。
他们只能在自己的能力范围内自主地选择想要
的生活。那么，在日常生活中，子女可以为老
年人做些什么来让他们获得更多的自主感和能力
感呢？

首先，子女要尊重老年人的想法和意见。子女不要独揽对老年人生活的安排，在帮老年人做事情、买东西的时候，先问一问老年人自己的意见和看法，尊重他们的选择。让老年人对自己的生活有尽可能多的选择和计划的余地，子女只需要辅助他们、额外留心一下他们的状态就好。

其次，子女要多鼓励老年人尝试做一些新鲜的事。可以鼓励老年人养养小动物或花花草草来增加他们对生活的控制感。老年人能够通过悉心照料感受到自己对这些小生命的责任和价值，也会更加自信、更加自主。鼓励老年人做一些力所能及的新鲜事，让他们在这个过程中体验到自己的能力感。

再次，子女可以适当地给予老年人一些帮助。在老年人遇到困难时辅以间接的帮助，能让他们最大程度地感受到自己的付出和成果。老年人在子女帮助下学习到的新技能（比如扫描健康码）不仅有助于改善他们的实际生活，也能让他们体验到自己能力的提升。

最后，子女要在老人完成事情之后给予积极的反馈。当老年人积极地完成一些力所能及的事情（无论是自己的兴趣爱好，比如去公园下棋、学跳舞，还是生活中的一些家务小事，比如偶尔扫扫地、做做饭）之后，如果家人能够给予及时的夸奖和鼓励，老年人就更能感受到自己的能力和价值，这种正向积极的反馈也会让他们对以后的生活有更多的控制感。

同样，老年人也可以通过以下一些方式增强自己对生活的控制感和能力感：

首先，老年人要多向家人表达自己的想法和意见，尤其是在与自己生活有关的事情上。有时候，老年人会担心给家人带来麻烦，因而往往被动地接受子女的安排和计划，哪怕自己并不太愿意。但这样被动的接受最后未必带来皆大欢喜的结果。因此，在生活中大大小小的事务里，老年人应该多发表自己的看法、观点和喜好，为自己的生活做主、负责。

其次，退休在家的老年人也可以主动找点事来做，尤其是那些能够给自己带来成就感的事。可以拾起自己往日的特长，比如琢磨一下美食烹任，或者练练书法，给街坊邻居写春联；也可以慢慢地尝试着去学习一些新的事物，比如上个老年大学或者在家学一学唱歌跳舞；还可以参与一些社会公益性质的志愿服务。在这些过程中，老年人不仅可以体验到很强的能力感，还可以体验到生活的意义感，以及自己对他人和社会的价值。

年轻人有着多样的心理需要，需要感受到情感和爱，需要感受到自尊和自主，还需要感受到自己的能力和价值。老年人同样有这些心理需要，甚至需求更加强烈。当年轻人困惑于老年人到底需要什么时，不妨先问问自己：我在这样的处境下需要什么？

参考文献

[1]　曹娟，安芹，陈浩. Erg 理论视角下老年人心理需求的质性研究 [J]. 中国临床心理学杂志，2015，23(2)：343-345.

[2]　彭华茂，尹述飞. 城乡空巢老人的亲子支持及其与抑郁的关系 [J]. 心理发展与教育，2010，26(6)：627-633.

[3]　尹述飞，彭华茂，佟雁. 亲子支持对老年人抑郁情绪的影响——基于社会交换理论的分析 [J]. 中国老年

学，2012，32(19)：4244-4245.

[4]　DECI E L，& RYAN R M. The "what" and "why" of goal pursuits: human needs and the self-determination of behavior [J]. Psychological Inquiry，2000，11(4)，227-268.

[5]　LANGER E J，ROBIN J. The effects of choice and enhanced personal responsibility for the aged: a field experiment in an institutional setting [J]. Journal of Personality and Social Psychology，1976(34)：191-198.

[6]　NEUBAUER A B，SCHILLING O K，& Hans-Werner W. What do we need at the end of life? Competence, but not autonomy, predicts intraindividual fluctuations in subjective well-being in very old age [J]. Journals of Gerontology，2017(3)，425-435.

第三部分

走进老年人的生活 I
家庭

———

随着年龄的增长，我们的社会关系网络经历了从小到大再到小的变化过程。到了老年期，个体发展新的社会关系的机会和动机都大大减少，社会关系网络也会变小，只有最亲近的社会关系网络几乎保持不变，比如我们的家人、最要好的朋友。最有说服力的哈佛成人发展研究用历经 83 年的追踪结果告诉我们，一个人是否幸福，与他是否拥有过一段良好的关系密切相关。有关社会情绪选择理论的研究也一再证明了维持亲近人际关系在老年人生活中的优先性。

　　老年人的家庭人际关系主要包括夫妻关系、亲子关系和祖孙关系。社会舆论通常关心家庭内的代际关系和冲突，但心理学的研究发现，夫妻关系、配偶支持对老年人的身心健康而言，可能要比亲子关系更重要。良好的婚姻关系需要沟通和经营。在长期关系中，冲突是不可避免的，但冲突并不等同于对关系的不良冲击，恰当地解决冲突反而能增进关系。关系都是双向的，如何面对和化解冲突，如何保持良好的沟通，是所有老夫老妻需要面对的问题。

　　谈到亲子如何互处的话题，我们需要了解两代人在观念、态度上存在差异的原因，也需要知道彼此之间关照和介入的尺度。值得注意的是，随着生育政策的变化，隔代抚养占据了后代抚育模式的半壁江山。关注这一家庭关系模式时，不仅要聚焦祖孙关系以及隔代抚养的功能，更要着眼于祖辈与亲辈的角色和关系协调。

　　家家有本难念的经，经虽然难念，但只要是基于"爱"的，总还是好听的。

第 9 章

吵架归吵架，心里还是你最好

夫妻关系

荀佳伟　整理

"哎哎哎，老头子先别坐，先把菜洗出来，孙女一会儿就该放学了。"

"嘿，我今儿在居委会忙活一天了，你买完回来就顺手洗了呗。"

"说得跟我不上班就多轻松似的，你以为我每天都闲着呢？接送孩子、买菜、做饭、做家务，哪个不得我来？你呢，回家就知道在沙发上一瘫，洗个菜还不情不愿的……"

"越说越没边儿，还能不能过了？过不下去离了算了！"

"你以为我怕你啊，离就离！"

……

相信大家都在生活中或者电视节目中见到过类似的对话场景。钱钟书先生将婚姻比作围城，外面的人想进去，里面的人想出来。在沟通中遇到的困难使交谈演变为争吵、冲突，是导致"里面的人想出来"的重要原因之一。很多人可能会想不通：为什么携手走了大半辈子的老夫老妻，会因为芝麻绿豆大的小事儿吵得不可开交？怎么就不能把话说到对方心坎儿里去呢？本章将带你一睹老年夫妻在日常生活中沟通不成反变吵架的原因，探索该如何走出一沟通就争吵的怪圈。

众所周知，夫妻关系是所有亲近关系中最为亲密和持久的，因此，婚姻从古至今都是人生最重大的命题之一。特别是进入老年期后，老年人的社交圈子随着年龄的增长而逐渐变小，来自配偶各方面的支持会愈发突显出重要意义。

是堡垒，也是温床

哈佛大学进行的一项长达83年的追踪研究"哈佛成人发展研究"（1938–2021）发现，我们的关系以及关系的幸福程度对我们的健康有很大的影响，高质量的亲密关系能够让我们更加健康和幸福。婚姻关系对老年人的重要意义主要体现在以下几个方面：

第一，健康的婚姻关系能够提供情感方面的支持。配偶的情感支持包括互相倾听、尊重、理解等要素，健康的婚姻关系不仅有助于我们更有效地了解伴侣的内心，还能帮助我们解决感情中的问题，让我们和伴侣更长久地走下去。美国罗格斯大学的黛博拉·卡尔（Deborah Carr）教授表示，婚姻的质量会影响老年人的幸福感，处于健康婚姻关系中的夫妻体会到的焦虑和抑郁情绪更少。婚姻质量之所以非常重要，是因为好的婚姻提供了一个缓冲区，帮助夫妻共同应对诸如健康、经济等问题带来的生活压力。

第二，良好的婚姻关系能够带来充足的安全感和完备的生活支持。人到老年，身体和心理方面的挑战会接踵而来。在良好的婚姻关系中，夫妻中的一方遭遇困难时，另一方会给予全方位的关怀和支持。比如当一方的身体健康状况出现严重问题时，另一方不仅可以提供生活上的照料，还可以给予伴侣精神上的支持，通过鼓励安慰让对方感受到"不管生老病死，我始终在你身边"的安全感。

第三，良好的婚姻关系对健康具有保护作用。美国得克萨斯大学社会学教授德布拉·乌博森（Debra Umberson）通过研究发现，良好的情感支持能够更好地助力伴侣应对不同急慢性病症，从而加快康复的进程。良好的婚姻关系对健康的保护作用体现在夫妻双方对彼此行为和生活方式的纠正和正确引导上。在许多中国老年夫妻之间，妻子对健康的意义和价值会更加重视，所以会更多地激励和监督丈夫保持有益的健康行为，比如减少或者停止吸烟酗酒、保持正常的作息规律、坚持体育锻炼等，因此婚姻的效益对男性老年人来讲或许更大。我们常在生活中听到"老小孩"这个词，意思就是老年人有时候会像小孩子一样执拗较真。劝诫老年人改正坏习惯时，老伴一句贴心的话可能就会起到意外的积极作用。比如妻子会说："哎呀咱都多大岁数了，以后可不能吃这么咸的饭了，要注意身体健康，咱俩一起少生病。"

鸡毛蒜皮，争吵不休

婚姻生活的本质是细水长流，除了少数激动人心的大起大落，更多的是柴米油盐酱醋茶的稀松日常。任何婚姻关系中都不存在绝对的一团和气。那么老年夫妻主要为什么而争吵？争吵有什么特点？争吵会导致婚姻关系的破裂吗？

北京师范大学老年心理实验室曾经做过一系列的研究，试图揭示老年夫妻冲突的特点。我们邀请242名婚龄超过20年、配偶健在的老年人来回忆自己的整个婚姻生活，并且尽可能多地回忆发生在自己与配偶之间的事情。研究就如下问题得出了一些结论。

1. 老年夫妻冲突常见吗

我们对老年人回忆的事情按照内容进行了分类，结果发现，当他们回顾自己的婚姻历程时，想起来最多的是得到伴侣支持的事件（如"去年我做手术住院时，老伴一直在医院照顾我"），这类事件占比高达32%。他们回想起来的夫妻冲突类

事件仅占 **18%**，冲突的发生频率平均下来也就是一年五次，而且几乎不存在肢体冲突。可见，冲突在漫长的婚姻中其实并不占主导地位。

2. 老年夫妻都在争执什么

夫妻冲突的最主要内容其实是家务分配（35.22%）和生活习惯（31.52%），像电视剧或生活矛盾调解类节目中那样严重的问题其实不多。最常见的夫妻冲突也就是今天谁刷碗、明天谁送孙子上学、几点睡觉、几点起床，等等。这样看来，其实多数夫妻冲突都是由一些鸡毛蒜皮的小事引发的。

3. 争吵会导致婚姻关系的破裂吗

大部分老年人认为，夫妻冲突更具建设性而非破坏性。冲突的发生可以帮助夫妻双方发现两人的矛盾点，并且提供了一个表达自我、了解对方、解决矛盾的契机。印证这一观点的还有针对年轻人的研究的结果。我们曾调查过恋爱中的年轻人，询问在他们的恋爱关系中发生过什么令他们心痛的事情，结果显示，在收集到的 473 件恋爱心痛事件里仅有 56 件是与双方发生冲突有关的。可见，冲突对亲密关系的破坏性并没有我们想象的那么强。

上述研究发现，老年夫妻间的很多矛盾和冲突都是由小事引发的，很少涉及两个人在价值观等核心方面的不一致。但常被忽视的恰恰是小事，双方日积月累的沟通不足，最终导致关系问题积重难返。

老年夫妻沟通的特点

现有研究表明，良好的沟通往往有助于促进或维持夫妻双方的关系满意度；个体的沟通方式不仅影响自身的婚姻满意度，也影响伴侣的婚姻满意度。

为了探讨老年夫妻沟通的特点及其与婚姻意度的关系，北京师范大学老年心理实验室进行了一项研究。参与者是来自北京某社区的 50 对老年夫妻，他们需要在夫妻日常交流、性生活、情感及价值观等方面选择一件夫妻二人想法不一致且自认为有必要讨论的事件，并对这一事件进行5分钟的讨论。参与实验的夫妻在这5分钟的讨论中共表现出13种沟通行为，分别为敌意、控制、逃避、否认、反问、抱怨、表达、协商、幽默、迎合、关注、说教和顺从。

我们对这些沟通行为进行了归类，大致分为以下三类沟通策略：

1. "积极建设"沟通策略

采取这种策略的人，通常能够在沟通中主动参与讨论，能以积极或中立的态度表达自己的观点和感受，提出合理建议，也非常关注与尊重对方所表达的内容。比如丈夫针对妻子因为晚上看视频学习十字绣而晚睡的事情提出建议："老伴呀，我觉得你最近的十字绣水平提升得特别快！但是你看手机学习十字绣的时间有点长，早晨起床时间都变晚了。岁数大了咱们得早睡早起，学十字绣也不能打乱咱们原来规律的作息习惯呀。咱们以后早点休息，好不好呢？"

2. "回避冲突"沟通策略

采取这种策略的人，在沟通中经常让对方主导讨论方向，自己则大部分时候仅表达对对方的肯定，顺从对方，按对方要求行事，时常让步、妥协、敷衍了事等。比如当夫妻围绕第二天谁送孙女上学的事情产生矛盾时，妻子可能会习惯性地表现得情绪低落，一言不发，默默接受丈夫强硬的安排。

3. "消极敌对"沟通策略

采取这种策略的人会在沟通中表现出消极行为，具体来说，就是对其他人或事抱有不满和敌意，并通过抱怨、推脱责任等负面行为表达想法。比如妻子让在外工作一天刚刚回家的丈夫去洗菜，丈夫会抱怨地咕哝："洗菜这点小事你就不能顺手干了吗？我上一天班了，回家还吃不到一口热乎饭。"

王倩蓉等学者（2012）发现，大多数老年夫妻在沟通中以"回避冲突"和"积极建设"为主，而较少采用"消极敌对"策略。值得注意的是，对于丈夫来说，采取积极的、建设性的方式进行沟通会为其带来更高的婚姻满意度；而对于妻子来说，采取回避冲突的沟通方式才能让自己收获较高的婚姻满意度。出现这一差异的原因可能在于我们的长辈成长的时代文化背景。在传统观念中，"主动"和"创造"是男性气质的代名词；而理想的女性形象可能更多地符合"忍耐""接受"等相对被动的描述，因此会出现不同性别惯于采取不同策略的现象。随着社会观念的更新，也许在未来几代老年夫妻的关系中，夫妻双方沟通策略与婚姻满意度的关系会遵循新的模式。

上面两节内容分别描述了老年夫妻生活的冲突特点和沟通特点，那么在日常的生活里，老年夫妻该如何沟通以化解那些细小的矛盾？什么样的沟通方式会为婚姻质量的提升保驾护航呢？

老年夫妻如何好好说话

"好好说话"可以帮助我们避免生活中绝大多数没有必要的冲突。关于如何好好说话，美国华盛顿大学心理学教授约翰·戈特曼（John

Gottman）为老年夫妻提出了以下几点具体的建议（也适用于年轻夫妻）：

1. 温柔地抱怨，胜过充满火药味的指责

无论你觉得你的爱人犯了多大的错误，请尽量避免指责。

例如，不说："你明明说好今天你来洗衣服，结果脏衣服还堆在那里！"而说："脏衣服还是好多啊，我觉得你说得特别对，应该把它们洗了。"

2. 以"我"开头表达感受，而不是以"你"开头直接批评

当以"我"开头说话时，更不容易说出指责的话语。尽量以"我"开头，重点在于传达自己的感受，而不是批评对方。

例如，不说："你又乱花钱！"而说："我觉得我们最好多存一些钱。"

3. 描述事实，不妄加评价

冲突往往是如何升级的呢？通过我们添油加醋的解读。所以，在争论中，尽量只描述你看到

的事情是怎样的，避免过度解读，也许对方澄清事实后，矛盾就自然化解了。

例如，不说："你今天又没管孩子，你从来没把这个家放在心上！"而说："我觉得今天一直都是我在照看孩子，我快累坏了，你能来帮我看一会儿吗？"

4. 不要翻旧账

在冲突中，我们有时候难免会想起以前的类似经历，或者对方让自己不满意的其他事情。如果翻出陈年旧账，争论就更难以停止了。因此，就事论事好过"旁征博引"。

例如，不说："你今年又不记得结婚纪念日！"而说："今天是一年一度的特殊日子，咱们要不要商量一下怎么庆祝啊？"

我们常用"金婚""银婚""钻婚"等词语来形容夫妻关系维持的时间，表达对持久和谐夫妻关系的感叹和赞美。白头偕老的婚姻令人羡慕的原因在于，它经过了长久时间的验证，夫妻双方一路走来，经历了风雨的洗礼，在磕磕绊绊中相互磨合，共同收获健康愉悦的身心。如果说完满的婚姻是一幅画，那么画面大概是这样的：夕阳西下，一对老夫妻相互搀扶，一路慢走；或者，在树木绿荫下的长椅上低笑呢喃，互诉衷肠。

参考文献

[1] 吴婷，等. 老年夫妻沟通的特点及其与婚姻满意度的关系 [J]. 中国临床心理学杂志，2016，24(2)：321-326.

[2] 王倩蓉，王大华，陈翠玲. 老年人夫妻冲突一般特点及其与依恋的关系 [J]. 心理发展与教育，2012，28(2)：167-174.

[3] CARSTENSEN L L，GOTTMAN J M，LEVENSON R W. Emotional behavior in long-term marriage [J]. Psychology and Aging，1995，10(1)：140-149.

[4] UMBERSON D. Family status and health behaviors：social control as a dimension of social integration [J]. Journal of Health and Social Behavior，1987，28(3)：306-319.

第 10 章

与子女的那些事

亲子关系

高林　整理

亲子相处怎么这么难

2020 年新冠肺炎疫情初期出现了一个特别的现象，叫"秋裤报应"。在疫情处于爬坡期时，平时总说"人间不值得"的年轻人纷纷戴上了口罩，积极配合和宣传防疫工作；而一些乐于养生的老年人却唱起了"反调"。由于接收信息的速度差异，不少老年人都没有意识到此次疫情的严重性，不愿意戴口罩，"说了不听，买了不戴"，面对子女的劝说"岿然不动"，就像一些冬天出门不肯穿秋裤的年轻朋友。为了让长辈少走亲戚少串门，年轻人没少和长辈发生冲突，他们一把眼泪一把鼻涕的劝阻辛酸史直接冲上热搜，被网友们戏称为"秋裤报应"。

与"秋裤报应"类似，父母与子女之间的对立性互动，包括争吵、攻击、情绪反感、漠不关心等，都可以被称为"亲子冲突"，而且在生活中十分常见。

亲子关系变得紧张往往是由两类问题引起的，一是亲子双方的投入不对等，二是父母的期望未得到满足。

亲子双方的投入不对等表现为一方过于频繁地发起接触或是长期不参与交流。子女在成年后会将更多的时间和精力从与父母的关系上转移到自己身上，例如提升自己在职场上的竞争力和建立独立的小家庭。而相比于子女，父母会为维系亲子关系投入更多资源。双方的投入不对等可能引发关系紧张。在生活中，父母的一些行为，例如密切关注、突如其来的人生指导等，很可能会破坏子女对独立生活的向往，从而引发子女的反感。

父母的期望未得到满足，往往具体表现为子女在生活方式、感情问题、经济问题等方面的表现可能没有达到父母的期望。几乎所有为人父母者都希望自己的孩子在成年之后有独立的能力，强烈的愿望会让他们对孩子的不足非常敏感，容易担心孩子的个人问题。子女的生活习惯不好、学历不高、工作不顺利等都可能引发亲子冲突。父母常常念叨"爸妈当年就是这样过来的……""爸爸妈妈总不会害你……""考公务员最好，稳定，听妈的准没错……""你年龄不小了怎么还不结婚啊……"，都旨在表达自己对子女的期望。而子女听到父母这样的表达时，心里常常抱怨："你们是这样过来的，我就一定要这样去生活吗？"

化解亲子冲突

我们该如何理解亲子双方在上述方面难以调和的矛盾呢？这可能和每一代人的文化生活脚本有关。在人的一生中，我们每个人对各类生活事件发生的时间都有一个预期。这个预期会受我们所处社会文化的影响。这种存在于社会中的或显性或隐性的重要生活事件时间表，被研究者称为

"文化生活脚本"，它反映了某一文化中常规的生活历程，例如一个人在几岁时开始读书，多少岁上大学，一般在什么时候结婚等。

当父母说"我们当年……"的时候，他们是在复述自己那一代人的文化生活脚本。那么子女的文化生活脚本会和父母的一样吗？丹麦奥胡斯大学的研究者安尼特·波恩（Annette Bohn）让96名平均年龄为25岁的大学生和72名平均年龄为69岁的老年人写下他们认为一个人从出生到长大期间应该发生的7件最重要的事情，以及每件事情发生的大致时间。结果发现，两组参与者认为的最重要的事情中有4件完全一致，依次为开始上学、接受高等教育、结婚、生孩子；他们认为合适的时间点也几乎无差。看来，年老一代和年轻一代的文化生活脚本相似度很高，而父母也并没有说错：他们的确是过来人。同时，两代人对事件重要性看法不一致所反映的代际差别也不容忽视。

其实，子女不必固执地认为"自己和父母不一样"。一些子女只是为了追求个性而故意违背父母的意愿，不愿意按照父母安排的轨迹去生活，却没有真正地考虑过社会规范对于个人根深蒂固的影响。

父母也需要认识到，子女这一代人成长的环境与自己的不完全一样。子女接收到更多、更新、更符合这个时代的信息，这个时代也更加包容和接纳多样性，人们的生活并不需要从同一个模子里刻出来。父母应该给予子女更多的信任和自由，让他们感受到来自父母的支持，从而更加勇敢地探索自己的人生。

亲子之间如何好好说话

在相互理解了彼此对于生活的态度之后，亲子之间进行有效的沟通也是化解冲突的必要条件。

在日常生活中，父母与子女的沟通互动有时是在这样的场景下进行的。

"儿子，你在干啥？""妈，我不告诉您了嘛，我在微信聊天。""微信是啥？好玩吗？教教我嘛。""妈，我现在有事，有时间教您啊。"

"女儿，是不是点击支付宝里的充值中心就可以充话费了？""爸，您自己试一试不就知道了嘛，啥事都问我，您好烦呢。"

"儿子，你看我这样操作对不对？""爸，您自己弄着，我有事先出去了。"

随着年龄的增长，个体的流体智力开始下降。老年人的注意、记忆、运算、推理等以神经功能为基础的认知能力会落后于年轻人，因而可能跟不上新事物的发展，更难适应社会生活。这时，子女需要给予父母更多耐心，积极帮助他们走出困境。

为了与父母有良好的沟通，子女不妨这样做：

1. 态度自然诚恳，停下手中在忙的事情，眼睛注视父母。保持适度的幽默感，尝试控制自我情绪的反应，并留意自己的表情和肢体动作，尽量以积极的姿态展开沟通。

2. 语句简短得体，多一些肯定和赞许的回答。提供充分的时间与耐心倾听父母诉说，在父母思路停顿时适当给予提示和引导。

3. 在父母未听清说话内容时可稍微提高声量，但不要喊叫，防止父母误会。

4. 营造良好的家庭氛围。可以事先与父母约定，在遇到矛盾时，双方都要坐下来好好沟通。

在前文展现的三个场景中，如果子女用下面的话回应父母，效果可能就大不一样了。

"好的，妈，我和您一起探索怎么用啊，这个超级简单和方便呢，您指定一学就会，您看……"。

"对，爸，没错，您真棒。"

"嗯，爸，您操作下，我帮您看着。"

如何与父母谈钱

在与父母的沟通中，最让子女感到棘手的话题莫过于"钱"了。下面，我们就具体谈一谈子女应该如何与父母谈"钱"这件事。

如今，老年人上当受骗的事件频频发生。当骗子卷走了爸妈一辈子辛辛苦苦攒下来的积蓄，让他们陷入疑惑、焦急、悔恨、自责时，子女怎么安抚并善后的问题成为社会关注的焦点。一些子女认为，父母上了年纪后就不能胜任管理钱财的事务了，果真如此吗？子女该怎么和父母聊"钱"这个敏感话题呢？

首先，子女要尊重父母的自主权，保护他们对自己生活的控制感。

控制感

控制感指个体感知到的自己能有意识地达成预期目标、预防不好的结果发生的程度，会对老年人的身心健康产生重要影响。与老年人对事物真正拥有的控制力相比，他们感知到的，即主观认为自己拥有的控制力更能预测他们的身心健康。

美国哈佛大学研究者艾伦·兰格和朱迪斯·罗丁于20世纪70年代在一家养老院中进行了一项著名的实验。他们把养老院中的老年人分为两组：控制感增强组和无控制感组。

对于控制感增强组的老年人，院方告诉

他们："下星期会有两个晚上播放电影，请大家决定在哪两个晚上播放。"此外，院方会送给每位老人一盆花，请他们照顾好自己的花。

对于无控制感组的老年人，院方告诉他们："下星期会有两个晚上播放电影，时间已经定好了，到时请前往观看。"院方同样会送给每位老人一盆花，而护士会帮忙照顾这些花。

两周后，研究人员发现，控制感增强组的老年人比无控制感组的老年人生活得更快乐更积极，健康状况也有所改善。决定何时观看电影和负责照顾一盆花这样的小事，就能极大提高老年人对生活的控制感，并改善他们的身心健康。这项研究带给我们的启示是巨大的。

以岁数大为理由剥夺老年人对自身财务的控制，于他们的身心健康是不利的。但是从实际情况考虑，可能确实需要限制父母一些无谓的过度开销，那么子女该怎么做？我们或许可以尝试这样的方法：

1. 在获得父母同意的情况下，将钱委托给双方都信任的某位代理人，可以是父母中比较谨慎的一方或某位子女，也可以是银行的某位工作人员。

2. 对于被"剥夺财产处置权"的一方，一定要留给他足够的控制感，在其他方面补偿他，例如让他依然有足够的钱去买菜、买喜欢的东西，增加他在家庭事务中的话语权。

子女又该如何就上述问题与父母展开和谐且有效的讨论呢？也许可以试试如下建议。

1. 如何开启话题

可以借助周边最近发生的事来引出这个话题，例如："××阿姨说最近她老伴差点被骗子骗了，叫闺女儿子把钱给追回来了，老爷子说以后可不管钱了……"

也可以从自己近期的计划入手，提出这个话题，例如："爸，我打算把部分存款放在××里，想着以后万一用得着呢。我调查挺久了，比较安全……"

子女要表达出自己是站在父母的立场去思考这件事的，比如说："我担心当以后需要大量存款时，如果现在没有做好准备，会措手不及。"不要暗示父母他们没有能力管钱，例如不要说："您岁数大了，头脑不灵光了，还是让我来替您分忧吧。"

2. 在什么场合提出话题

不妨举行一次家庭会议，在谈话时注意父母的反应。提出希望父母不要管钱了以后，一定要留意他们的神态和语气变化，也许父亲或母亲没有表达异议，但其实很伤心。注意尊重老年人的自主权，不要擅自替老年人做决定，要让他们知觉到自己仍然在管控自己的生活。

还可以选择在轻松愉快的场景中提起这个话题，例如在一同做家务时不经意地提起。轻松的闲聊氛围可能会起到更好的沟通效果。

尊重父母的意见，不要把自己认为最好的解决方案强加给他们。如果父母不同意，别着急，问问他们是怎么想的，解释清楚提出某一方案的原因。不要以为自己是"财务高手",就什么事都替父母操办。

3. 需要特别注意什么

非独生子女要叫上兄弟姐妹一起参加讨论。如果某个人被忽略了,就可能出现后续的问题。

尊重父母的隐私权。如果父母不愿意公开一些细节,那就不要刨根问底,只需要掌握有助于解决问题的信息就足够了。

不要总是关注父母无法完成的事,想想他们有能力完成的事,在这些事务上要给予他们充分的自主权和支持。

生活并非永远平静如水,再亲密的关系也会有出现冲突的时候。父母与子女是相伴一生的家人关系。子女年幼时父母的悉心照料,父母年迈时子女的耐心守候,都镌刻在社会文化的基因中,让人类感受到爱的永恒。父母与子女之间的冲突无论是出于对彼此投入不对等的失落,还是因为双方的期望未得到满足,总是能够依靠有效的沟通及时化解,而这一切的前提正是两代人互相的爱。

参考文献

[1] 徐丽艳. 老年人心理变化的特点及疏导 [J]. 中国保健营养：临床医学学刊，2010，19(9)：154-155.

[2] BIRDITT K S，MILLER L M，FINGERMAN K L，et al. Tensions in the parent and adult child relationship ： links to solidarity and ambivalence [J]. Psychology and Aging，2009，24(2)：287-295.

[3] BOHN A. Generational differences in cultural life scripts and life story memories of younger and older adults [J]. Applied Cognitive Psychology，2010，24(9)：1324-1345.

[4] GOETTING M A. Talking with aging parents about finances [Z / OL]. (1993-6-17).http://store.msuextension.org/publications/familyfinancialmanagement/MT199324HR.pdf.

[5] LANGER E J，RODIN J. The effects of choice and enhanced personal responsibility for the aged ： a field experiment in an institutional setting [J]. Journal of Personality and Social Psychology，1976(34)：191-198.

第 11 章

祖孙情，爱相随

祖孙关系

侯雅莉　整理

———————

"老张，你怎么又在看孙子呀！别看了，快出来下棋吧！"

"你们去吧！他爸妈上班忙，没时间，我不看他谁看他呀！"

"欣欣奶奶，又教欣欣念唐诗呢？"

"是呀，她妈妈叮嘱了，孩子不能光玩，还得教念诗、唱儿歌什么的。"

相信很多人都熟悉上面的对话。说到隔代抚养，不少爷爷奶奶、姥姥姥爷都能打开话匣子。现如今，在三孩政策全面放开后，中国的隔代抚养现象越来越普遍。隔代抚养主要是指祖辈对孙辈承担主要的抚养与教育责任，包括完全由祖辈抚养或大部分时间由祖辈抚养孙辈。本章我们就一起来看看这些古老又时髦的话题：为何会出现隔代抚养？它是好还是坏？我们应该如何正确看待它呢？

孩子的爸妈去哪儿了

隔代抚养的现象越来越普遍，这是为什么呢？让我们来分析一下其中的原因：

1. **年轻父母的负担大**。这是隔代抚养日益普遍的最根本的原因。我们处在一个竞争非常激烈的社会，有了孩子，特别是有多个孩子之后，身为上班族的年轻父母往往缺乏时间和精力抚养子女。无论是在财力、精力还是相互的信任上，祖辈都成为年轻父母选择帮忙抚养孩子的对象。

2. **长辈们往往愿意为子女带孩子**。孩子都是爸妈的心头肉，看着自己的子女因为家庭、工作、孩子分身乏术，老年人不禁心疼子女，想着能帮一把是一把，便承担起了抚养孙辈的责任。祖父母将自己"爸爸妈妈"的角色延伸到孙辈身上，喜提了"×× 爷爷""×× 奶奶"的日常称号，体会到更多的价值感。

3. **老年生活需要一张"保护网"**。随着子女成家立业，老年人和子女的联结变得不如以前那般紧密，而新添的孙辈正好可以成为老年人和成年子女之间的联结。隔代抚养像是老年人的一张保护网：有孙辈在，父母辈与祖辈交流的话题、联系的频率就会增加，让老年人的生活无论是在经济上还是情感上都更有保障也不再孤单。

4. **中国社会文化历来如此**。在中国社会中，甘愿为后辈奉献是我们家庭伦理观的一部分。血脉传承和家族绵延的情结使得许多老年人十分重视自身对于儿孙的责任，认为照料孙子孙女是一项天职。父母自身的家庭和子女的家庭往往相互渗透，当子女在养育上遇到问题时，父母会觉得代为抚养是责无旁贷的。

隔代抚养的利弊

当下，人们对于隔代抚养的态度褒贬不一，我们应从利弊两方面去看待它。一方面，毋庸置疑，隔代抚养是有很多好处的。

对于祖辈来说：

1. 隔代抚养使祖辈有了新的情感寄托

大多数隔代抚养中的祖辈的年龄处在 50 ~ 65 岁，空闲时间较多。而这时，他们的子女正处于事业上升期，并没有太多的时间陪伴在父母身边。祖辈退休后离开了熟悉的工作环境，又缺少家庭的温暖，这使得他们难免会产生失落感与孤独感。这时，对孙辈的抚养恰好可以使一些苦于无事打发时间的祖辈的退休生活变得充实且有趣，也让他们重新找到情感上的寄托，得到极大的满足。

2. 隔代抚养使祖辈重拾价值感与成就感

大多数隔代抚养中的祖辈刚刚从工作岗位上退下来，突然过上了简单的退休生活，这时的他们很难找到能使自己获得价值感与成就感的事物，自我评价较低，觉得自己"老了，没用了"。然而，许多祖辈在育儿方面有着丰富的经验，同时有足够的时间胜任养育孙辈的工作。因此，对孙辈的抚养可以使祖辈重新获得价值感与成就感，在这一过程中找到新的自我。

对于父母辈来说：

1. 隔代抚养可以减轻年轻父母的负担

在竞争非常激烈的当今社会，有了孩子，压力也会随之增加。将孩子交由老年人抚养后，无论是在财力上还是精力上，年轻父母都能解决后顾之忧，可以专心致力于事业。

2. 隔代抚养可以使父母以更佳的状态陪伴孩子

年轻父母每天面对育儿与工作交杂的各种琐事，有时候很容易情绪烦躁。如果爷爷奶奶、姥姥姥爷能分担一部分琐事，那么年轻父母对孩子可能会更有耐心，从而提供更高质量的陪伴。

3. 隔代抚养可以增加父母辈和祖辈的相处时间

孩子的联结，使得原本因忙于工作和持家而忽略老人的父母辈，有了更多和祖辈相处的时间，从而能够给予祖辈更及时的关心。

对于孙辈来说：

1. 隔代抚养发挥了祖辈的经验优势

祖辈拥有抚养和教育孩子的实践经验，关于孩子在不同的年龄段容易出现什么问题，应该怎样处理，他们知道的要比孩子父母知道的多得多。老年人在长期社会实践中积累的丰富社会阅历和人生感悟，是促进儿童发展和有效处理儿童教养问题的有利条件。

2. 隔代抚养有利于孙辈的身心健康

不少老年人有充裕的时间和精力，而且愿意花时间与孩子生活在一起。他们不仅照顾孩子的生活，提供学习的条件，进行适当的指导，而且能够耐心地倾听孩子的倾诉。许多老年人自身就包含童心，极易与孙子孙女建立融洽的感情。上述因素都十分有利于孩子的身心健康。

从另一方面看，隔代抚养也存在一些问题。

对于祖辈来说：

1.隔代抚养劳心伤神压力大

我们常能听到老年人抱怨小孩不好带，处处惹人担心，顽皮时拿他们没办法……可见，带孩子真不是件省心的事，劳心又伤神！由于照看孩子事关重大，祖辈会担心在照看孩子的过程中出现意外，甚至发生严重危及生命安全的事故。这种紧张和焦虑会给老年人造成极大的心理压力，而心理压力又可能会加剧老年人的身体健康风险，如高血压与心脏病的发病率等。老年人的生理机能本身就在不断衰退，而照顾孙辈需要较多的精力投入，这种矛盾可能会让年事较高的祖父母产生力不从心的感受。

2.隔代抚养影响祖辈的社交

隔代抚养会让祖辈将很多精力投到孙辈身上。

由于忙着照看孙辈，祖辈参加社交活动的机会变少了。"走，老张下棋去。""不了，你们去吧，我还要看孙子呢！"这样的对话常常出现。社交圈缩小容易使老年人产生孤独感，不利于老年人的社会融入。那些为照顾孙辈，随子女到异地生活的"老漂族"，由于脱离了原本熟悉的生活环境，可能更容易体验到这种社交上的孤独感。

3. 隔代抚养容易激发与子女的冲突和隔阂

老年人与子女很容易围绕孙辈的教育问题产生冲突。由于不同时代背景下的教育观念不同，父母辈对祖辈的教育方式不一定完全认可，甚至会有所不满。而祖辈会想："你是我养大的，现在不也挺好的，现在这样带你的孩子倒成问题了？"双方在观念上的冲突由此而生。此外，子女的不满意可能会令老年人觉得，自己付出了那么多，却没有得到认可，受累还不讨好，进而容易产生家庭矛盾。

对于父母辈来说：

由于教育观念、方式以及关注重点的不同，孩

子的教育问题往往成为家庭矛盾的导火索,如果
沟通不畅,就很可能引发难以调和的家庭矛盾。
此外,隔代抚养也会影响父母辈在家庭中的地位。
有研究表明,隔代抚养家庭中的幼儿对父母的感
情的亲密度不如核心家庭,孙辈在成长过程中更
加依赖祖辈,对父母的话不理不睬,却对爷爷奶
奶、姥姥姥爷言听计从,这也使得父母辈在教育
过程中变得更加被动。

对于孙辈来说:

1. 隔代抚养方式不当可能使孙辈形成不良性格

老一辈人经历过较为艰苦的生活,会把对安
定富足的生活的愿望强烈地施加在孙辈身上,甚
至表现出对孙辈的过度溺爱:在衣食住行上一手包
办,过度重视物质给予,轻视孙辈在读书、学习
等方面的锻炼与成长。有的老年人出于保护孙辈
安全的责任感,容易过度充当孙辈的保护伞,"含
在嘴里怕化了,捧在手里怕摔了",这样可能导致
孩子形成不会自主思考、娇气或骄纵等不良性格。

2. 隔代抚养无法满足孙辈的情感需求

孩子对父母的情感需求，是其他任何感情都不能取代的。即使孩子的爷爷奶奶、姥姥姥爷整天全身心地泡在孩子身上，将全部感情投到孩子身上，也无法取代父母的爱。在隔代抚养的情况下，祖辈能够在生活上照顾好孙辈，但在情感上无法取代父母辈的位置，情感的缺失可能会使得孙辈很难对父母辈建立起安全型依恋。

正确看待隔代抚养

隔代抚养有利有弊，那么，在选择隔代抚养时，我们该如何趋利避害呢？

对于祖辈来说：

1. 正确判断自己的状况

祖辈要考虑自己是否有足够的精力和体力照顾孩子，不要强加给自己过重的负担。子女希望孩子健康长大，一定也希望自己的父母身体健康、平安喜乐。

2. 要明确自己的辅助角色，减少与子女的矛盾冲突

孩子的教育方式最容易引起老年人和子女间的矛盾，而这种矛盾完全是可以避免的。老年人要懂得，自己只是来搭把手，不要取代子女做决策。保持适度，不仅给自己减轻了负担，也不至于落得"好心不讨好"。

3. 学会对孙辈放心、放手

在环境安全的前提下，祖辈可以允许孙辈大胆地体验和探索环境。多给孩子尝试的机会，做到放心、放手。不要在孩子刚进行探索的时候就对其行为加以制止，或者强迫孩子按照自己的意愿行事，给予孩子正面的鼓励就好，这样可以锻炼孩子的自主思考能力。

4. 不要带着负面的心态

多享受天伦之乐，体会隔代抚养带来的成就感，积极地看待这种奉献。陷入负面情绪，只会更容易激发老年人与子女的矛盾。

对于父母辈来说：

1. 一定要有一种意识：老年人帮忙带孩子不是义务

年轻父母不要完全以孩子为中心，而要换位思考，多站在祖辈的角度替他们着想。无论是爷爷奶奶还是姥姥姥爷，老人带娃只是替补与辅助，抚养孩子始终是孩子父母自己的事情。在把孩子托付给祖辈后，父母仍然需要积极参与孩子的生活，绝不能"大撒把"。亲代抚养对于孩子的情绪心理健康、人格全面发展都是必不可缺的。

2. 要学会给祖辈减压

子女要有主动分担的意识，可以在周末、节假日自己带孩子，让祖辈减轻压力，多一些休息时间，保证身心健康。子女在日常生活里也可以做一些小事，比如给父母和孩子做一顿饭、带他们一起去郊游，让大家都感受到爱的温暖。

3. 要耐心帮助祖辈接受新鲜事物

即使是经验丰富的老年人，也会在抚养孙辈

的过程中遇到各种新时代的新鲜事物：比如过去
使用尿布，现在要使用尿不湿；过去带孩子玩儿
泥巴，现在要教孩子说英语、看绘本；过去都是
亲力亲为地喂孩子吃饭，现在需要锻炼孩子吃饭
的自主性；等等。老年人往往不愿意承担尝试新
事物的风险，甚至很难接受新时代的观念。这时，
做子女的要耐心给父母讲解，手把手地教他们，
让父母感受到子女的爱。

4. 要积极帮助祖辈建立交际圈

对于那些性格比较内向的老年人，子女要特
别注意创造条件，让父母尽可能多接触一些人。

5. 时时关心和支持祖辈

除了关注儿童在隔代抚养中的身心健康发展，
老年人的身心健康同样不容忽视。作为子女，除
了要为父母尽可能多地提供经济和情感支持，也
要尽可能多地担负起抚养教育下一代的责任，并
在孩子的教育问题上和祖辈共同商讨，达成共识。
这些举措不仅能帮助父母保持良好的身心状态，

也能让孩子更加安全和健康地成长。

对于（长大后的）孙辈来说：

1. 要抽出时间与祖辈交流

距离较近的时候，可以每周会面；距离较远的时候，可以定期视频或语音通话。无论如何，抽出时间来陪陪他们都是最有意义的！

2. 亲口告诉祖辈，在你眼中他们有多珍贵

或许把爱说出口比用行动表现爱更难，但是如果能用一句话就让全家人都收获幸福，何乐而不为呢？

3. 分享近况，向祖辈寻求建议或意见

其实，不论事情的结果如何，你有没有按照老人们说的去做，都不是最重要的，重要的是在交流的过程中，老年人觉得自己是被需要的，而且，年轻人也能从不同的角度学到不少东西。

4. 关心祖辈的近况，问问他们最近在做些什么

老年人通常很乐于分享他们的生活，后辈也可以从中感受到快乐与幸福。通过观察爷爷奶奶、姥姥姥爷的生活动态，还能对他们的心理和身体健康状况一目了然。

5. 偶尔准备一些小惊喜

可以在探望老人时带上旅游时特意挑选的特产点心，也可以为老人规划一个家庭生日会。哪怕是很小的一个举动，哪怕是看似不经意的小细节，都能体现时刻挂念长辈的心意。

6. 与祖辈共同完成一项活动

广泛适用于多年龄段的游戏有很多，年轻人可以与老年人一起玩玩这些游戏，这不仅有助于祖孙之间增进亲密感，加强联结，还能帮助老年人锻炼身体，提高认知能力。

当我老了，头发白了，你还牙牙学语，我愿

用自己尚未熄灭的烛光照亮你未来的路，把最美的遇见、最好的爱都给你……愿所有家庭都可以实现长幼共融、老少同乐，让含饴弄孙的老年人享受到颐养天年的幸福。

参考文献

[1] 宗羽，秦大伟. 隔代抚养对个体的影响与对策研究 [J]. 成都师范学院学报，2017(7)：36-40.

[2] 黄国桂，杜鹏，陈功. 隔代照料对于中国老年人健康的影响探析 [J]. 人口与发展，2016，22(6)：93-100.

[3] 宋璐，冯雪. 隔代抚养：以祖父母为视角的分析框架 [J]. 陕西师范大学学报（哲学社会科学版），2018(1)：83-89.

[4] 刘丽，张日昇. 祖孙关系及其功能研究综述 [J]. 心理科学，2003，26(3)：504-507.

[5] BANIQUED P L，LEE H，VOSS M W，et al. Selling points: what cognitive abilities are tapped by casual video games? [J]. Acta Psychologica，2013，142(1)：74-86.

第四部分

走进老年人的生活 II
快乐生活

———

从 60 岁进入老年期开始，还有二三十年甚至更长的时间要度过，这段时间和成年期几乎等长。充实愉快地度过晚年，拥有丰盛的人生，是我们每个人的愿望。这个愿望能否实现，必须依靠全社会的参与，也取决于我们自身。在核心的家庭人际关系之外，朋友关系是老年人重要的社会资源。老年人可以从高质量的友谊中获得乐趣和愉悦，获得情感上的支持。除了通过他人，老年人也可以通过自身的不断学习更好地融入社会。学习是终身的，它带给我们的滋养不因年龄而异。

在交友和学习之外，老年人还需要管理自己的情绪。人非草木，喜怒哀乐再自然不过，理解和接纳自己的情绪，获取和维持积极的情绪，排解和减少消极情绪，会让我们感受到更多的喜乐平安。

在数字化时代，互联网生活成为新的主流生活方式，老年人也不能置身其外。学习如扫码出行、移动支付、自助办理业务等日常操作，适应互联网生活方式，对于老年人来说是一项挑战。如何更好地使用互联网，不仅仅是老年人克服生理、认知困难的个人问题，也是涉及技术设计、社会观念、法制伦理等领域的全社会问题。

随着信息技术的发展，以老年人为目标的欺骗陷阱也越来越多，人们不能简单粗暴地将老年人上当受骗归咎于爱贪小便宜、脑子糊涂。家庭和社会需要更加了解老年人，提供更有效的支持，才能减少老年人受骗事件的发生。

第 12 章

生命的两剂良药

友与学

强袁嫣　整理

———————

　　学习与交友是人一生的课题，前者是个人内心的修行，后者拓展人生命的宽度。通过学习，我们从对世界一无所知，到建立起自己世界的运行规律和道德法则；通过交友，我们得以摆脱面对宏大世界时的卑微感，由无助的个体聚合为更有力量的集体。一个人在漫长的一生中，从呱呱坠地到垂垂老矣，始终是这两个课题的研习者。

交友：拓展生命的宽度

　　当我们在社区或者公园里散步时，我们常常会看见不少老年人，他们或是聚在一起跳广场舞、打太极拳，或是围着一盘棋局七嘴八舌，或是背着小孩的书包水壶，带着蹦蹦跳跳的小孙子散步打闹。他们的身上总是充满热情与活力，连一些年轻人都自叹不如。但我们常常也能看到另一种老年人，他们或是孤单地坐在某处盯着远方发呆，或是在路上踽踽独行；他们总是独身一人，显得格外孤独寂寞。

闫志民和杨逊等人（2013）调查发现，从1995 年到 2011 年，中国老年人的孤独感不断上升，其中的主要原因可能是社会支持的减少和健康威胁的增加。在老年人的社会支持系统中，家人和朋友都是很重要的部分。家人是老年人社会支持和社会联结的重要来源，与家人的关系质量对老年人的幸福感有着重要影响。而朋友是老年人获得社会交往乐趣的重要来源。

家人和朋友对老年人主观幸福感的影响是不同的。比起那些同时拥有家人和朋友支持的老年人，那些只有家人支持的老年人会经历更多类似抑郁的症状。这可能是因为，对于老年人来说，家人提供的更多是物质、工具上的帮助，朋友则能够带来乐趣。换句话说，有了家人的照顾，老年人会感到生活更加舒适；而有了朋友，老年人可能会收获更多的快乐和精神上的满足。

朋友的意义对于老年人和年轻人来说也是不同的：

1. 未来时间的有限性使得朋友对于老年人而言格外重要

根据社会情绪选择理论，与生活环境及身边人的交流对人类的生存至关重要。而个体知觉自己所剩时日是充足的还是有限的，会影响其对于社会交往目标的选择与追求。比起年轻人，老年人会更多地意识到未来时间是有限的，因此会去寻找更多的社会支持，而朋友就是社会支持重要的来源之一。

2. 老年人人际网络的缩小使得朋友的重要性提高了

由于工作压力大、生活节奏快等原因，中青年子女大多不能时刻陪在老年人身边。特别是对于一些受教育程度较高的老年人来说，当他们离开工作岗位后，虽然物质条件优越，但由于人际交往范围缩小，社会地位下降，会更容易产生强烈的孤独感，因而朋友对他们来说会更加重要。

3. 老年人的友谊质量更高、更交心

一般而言，比起年轻人，老年人会更注重那些个人觉得有价值、高质量的关系，宁愿放弃那些他们觉得不重要的社会关系，在关系类问题的处理上也更得心应手。而且随着年龄的增长，老年人更倾向于从朋友那里获取情感上的支持，而不再是一起讨论现实问题的具体解决办法。他们会更加倾向于和那些信仰、心境、经历与自己相近的朋友长期交往。

可以看出，对老年人而言，朋友的要义在于"质"，而不是"量"。从这个要义出发，我们再来看看老年人在社会交往过程中需要注意的事项。

1. 维系好和老朋友的关系

老朋友经过了长时间的交往和考验，彼此知

根知底，相互包容。以前由于工作繁忙，朋友间难免疏于联系；而今退休在家，有空就一起聊聊天、喝喝茶、打打牌、下下棋、旅旅游，好不快活。老朋友之间有着说不完的故事，而且不再围绕许多功利的话题，维系好这样的老朋友关系，对于丰富老年生活至关重要。

2. 慎交新朋友

老年人参与社交时结识一个新朋友，原本是一件好事。但两个陌生的老年人在短时间里真正做到相互了解是不太容易的。除了对方的人品、性格、爱好，家庭背景、个人经历等信息也都不是轻易可以了解清楚的。所以，新朋友之间点到为止、客客气气即可，而不必"悔不当初""相见恨晚"。慎交新朋友还有另外一层意思，就是不要让友谊发展速度过快。因为老年人已经没有那么多的机会和时间，像年轻时结交朋友那样，一起学习，一起工作，甚至一起生活了。交异性朋友尤其要慎而又慎。如今社会复杂，乱象丛生，以老年人交友为名大肆行骗的勾当屡见不鲜，慎交新朋友，是老年人避免吃亏的不二法门。

3. 适度认识忘年交

老年人交些年轻的朋友，会容易受到年轻人的感染，让自己的生活更有活力。例如，学生就常常是老师最好的忘年交，和学生在一起，会让老年教师感觉自己年轻了许多："虽然很难跟上年轻人的生活节奏，但在他们的引导下，我也慢慢掌握了微博、微信等社交工具的用法，跟上了时代的节拍。"

终身学习：挖掘生命的深度

终身学习的时代正在到来。学习不再是一件局限于学校环境和年轻群体的事情，无数的中年人、老年人都参与到学习中来，以适应快速变化的社会。使用新的电脑软件和智能手机、运用新的育儿知识等，都是需要中老年人不断学习的内容。

儿童、青少年通过学习完善人格、增长知识和能力，获得更好的学业和职业机会。那么，学习可以给老年人带来什么呢？

　　1. 心理学研究发现，终身学习有利于促进心理和身体健康、改善家庭关系、提高父母教养技能；终身学习者在生活中有更多的积极态度、健康行为和公民政治参与，并且拥有更大的社交网络。

　　2. 学习可以帮助老年人在一定程度上克服与世界的"脱节感"。非正式的、娱乐性的学习（比如绘画、烹饪等）的积极影响尤其多样化，它可以使老年人觉得自己的生活更幸福和有意义（心理幸福感和生活意义感），觉得自己能够做好更多的事情（自我效能感），保持大脑的功能（认知功能），结识更多的朋友（社会支持），进而促进成功老化。

　　成岛（Narushima）、刘（Liu）和迪斯特尔坎普（Diestelkamp）三位来自加拿大的研究者就三个方面的终身学习经历对十位老年人进行了访谈：①参加了什么学习活动；②在学习中收获了什么；③参加学习项目是如何帮助自己在面对日常挑战时保持幸福感和生活独立性的。

在访谈中，这些老年人提及了多层次、多维度的收获，研究者将他们提到的学习益处概括为五个角度。

1. 身体角度：学习是一种自我镇定

面对逐渐增加的身体不适，老年人往往会产生焦虑、沮丧和恐惧（害怕失去自主活动的能力等）的情绪。负面感受在一定程度上促进了老年人有意识地坚持学习。

两次患上癌症、至今仍在与疾病斗争的 H 女士（82 岁）说："我催促自己去参加绘画课。我不能向疾病屈服，因为我不能让疾病占据我的全部。"

参加每周课程使老年人获得对自己智力的信心和成功使用能力的感觉，这缓冲了身体不适带来的焦虑和恐惧情绪。除此之外，坚持出席每周一次的课程强化了他们生活的连贯性，而且发挥了类似每周一次的心理治疗的作用。学习成了一种应对身体问题的自我治疗方式。

2. 关系角度：学习创造社交和圈子

随着年龄增加，老年人会面临行动不便，以

及兄弟姐妹、朋友和伴侣逐渐去世的情况，从而失去了不少社会支持系统，孤独感和抑郁感随之上升。参加课程使得老年人有机会遇到可以一起活动的新朋友，保持与外界的信息交换。

学习书法9年的B女士说："每一年都有新同学加入班级，我也都会跟他们互留电话。我确实在课堂上结识了一些好朋友。如果他们这周没来上课，我会打电话问问他们怎么了。"

老年人也有可能在课程中发现自己的榜样。77岁的K女士说，她在班级里认识了一位90多岁依然在不断学习新知识、喜欢与新朋友交往的老太太，这使得她认识到自己也应该好好生活。

此外，在班级里获得集体归属感也相对容易。课堂指导老师在老年人的课堂社交中扮演了重要的角色。一位好的指导老师总是鼓励老年人用自己的想象力和能力进行创造，并提供一些社交机会（如一起喝茶、举办班级作品展览等），这促使同一个班级的老年人凝聚起来，形成一个小圈子，每个人都可以在其中找到归属感。这一点对于退休多年、原有圈子和社交网络逐渐缩小的老年人来说是最难得的。

3. 生活空间角度：学习扩展了精神生活空间

由于身体健康问题，比如关节疼痛，老年人的现实生活空间变小了：一些想去游览的地方去不了了，以前买菜的市场似乎变得特别遥远。缩小的现实生活空间令人感觉拥挤、烦躁。这时候，扩展精神生活空间来保持内外部生活空间的平衡就变得非常重要。

73岁的B女士在一次摔倒后开始依靠助行架出门，她说："当你坚持学习时，生活变得更有意思了，因为你不再只是被四面墙壁包围。认识一些新的人，学一些新的东西，等到回家看电视的时候，你会发现一些电视节目正在播放与你所学内容有关的东西。学习使得你看待生活的视野更宽广了。"

K女士展示了一幅她创作的蓝色大海的绘画，她说："当我画这幅画的时候，我感觉自己好像就在海边。我是在海边长大的。"

学习使得老年人能够插上想象的翅膀，自由地穿梭在自己的精神世界中，这一点在参加创造性课程（如手工、绘画等）的老年人身上尤其明显。

4. 时间角度：学习整合过去、现在和未来

参加学习课程使老年人的大把空闲时间有了目的性和规则性，让老年人对于未来的生活多了一些盼头，避免了无聊和恐慌。不上课的时候，老年人也可以在家中练习课上所学的东西，比如说在家里画画等。通过学习，老年人将自己的过去和未来联系起来，成长的意愿也会愈发强烈。

75 岁的 L 女士说："舞蹈课使我总是向前看，所以每周的时间都过得更快了，一下子就到周五了（舞蹈课在周五）。我觉得人要在自己的生活中安排一些项目，不然有时候早上你都不想起床。"

参加回忆录写作课程的 R 女士说："坐下来写点什么让我感觉很好，这提醒我，在我的生活中原来发生了这么多值得欣慰的事情。我希望我的孩子和孙子们有一天能通过读我的回忆录，知道我的生活是什么样的，并且知道他们从哪里来，从祖辈这里继承了什么。"

5. 物质角度：不止收获了知识和技能

除了提供知识和技能以外，学习还成为老年

人自信心的来源，让他们拥有了一种"我会的别人不会"的骄傲感。

学到的技能会给老年人的社交活动增添光彩。一位绘画课的学员在家附近的咖啡馆里举办了自己的小型画展，而一位学习了26年刺绣的老年人给自己的女婿绣了一幅他最喜欢的鸭子图案的作品，增进了家庭成员之间的联结。

在访谈中，老年人经常提及，学到一些知识和技能"使我对自己感觉良好，更有信心"，这让他们有一种每一天都在进步的成就感。

R女士说："我觉得，我之所以对自己感觉还不错，主要来自我通过学习获得的成就，因为这意味着我没有被疾病的疼痛或者生活琐事打败，我只是不断往前走，做我想做的事情。学习帮助我成为现在的样子。"

由此可见，终身学习就像是人类绵长一生的营养液，老年人可以从中不断汲取养分，浇灌身体、灵魂、生活甚至他人的生命。那么，要让老年人获得这些益处，老年人和年轻人应该怎么做呢？

对老年人的建议

1. 有条件就报名一个课程试试看吧。如果没有合适的条件参加课程，也可以试着约几个朋友一起学习唱歌、跳舞、绘画，等等，或者参加社区里、家附近公园里的一些活动，比如民乐队、合唱队。

2. 在家人或朋友的帮助下，尝试接触互联网资源，通过"网络课堂"自行选择学习一项新的技能。网络平台所提供的学习资源是海量的，可以让人按照自己的兴趣进行自主学习。

对年轻人的建议

1. 万事开头难，老年人很需要在你的鼓励下开始学习新鲜的东西，也需要得到你在第一次课程中给予他们的积极反馈。尝到甜头以后的老年人说不定会变成"学霸"呢！

2. 在家里营造适合老年人学习的气氛，比如为学习绘画的老年人留一张绘画桌，选一面墙或者清空一个柜子来展示老年人的作品等。让学习

成为生活的一部分，留出足够的空间让他们自由
挥洒热情。

　　3. 你不妨也参与到学习中来，同老年人一起
学习，一起进步。学习的滋养效果与学习者的年
龄无关。

　　学习与交友是我们所有人自诞生于世便被赋
予的课题，我们兢兢业业研习了一生，有过得意，
也有过失意。

　　物理学家说，人类的演化受算法的支配，
我们终其一生都要去探索，去寻找自己人生的
答案。

　　社会学家说，人类是社会性动物，我们的一
生，都注定羁绊在与亲人、朋友、爱人共同编织
的网络之中。

　　不学无术不能给我们带来平静，离群索居亦
不能给予我们幸福。

　　我们是这两个课题之下永远的学生，从牙牙
学语到垂垂老矣。

　　终其一生，永不毕业。

参考文献

[1] 彭华茂. 老年心理, 一席演讲 No.796 [Z/OL]. (2020-8-23). https://mp.weixin.qq.com/s/So_j6HsO0Opc5Q_AqJcb2g.

[2] BRUINE W B D, PARKER A M, STROUGH J.Age differences in reported social networks and well-being [J]. Psychology and Aging, 2020, 35(2): 159-168.

[3] HUXHOLD O, MICHE M, SCHUZ B. Benefits of having friends in older ages: differential effects of informal social activities on well-being in middle-aged and older adults [J]. Journals of Gerontology Series B-psychological Sciences and Social Sciences, 2013, 69(3): 366-375.

[4] JENSEN J F. Discussing my romantic problems with my best friend: longitudinal examinations of relationship work in younger and older couples [D]. Auburn University, 2014.

[5] NARUSHIMA M, LIU J, DIESTELKAMP N. I learn, therefore I am : a phenomenological analysis of meanings of lifelong learning for vulnerable older adults [J]. The Gerontologist, 2017, 58(4): 696-705.

第 13 章

让"心情"荡起双桨

老年人的情绪

荀佳伟　整理

在谈到老年人的需求时，年轻人普遍关注的是他们的基本需求，比如能否吃饱穿暖、零花钱够不够花，等等，而他们更高级、更复杂的需求，比如最近有没有发生过让他们自豪的事情、有没有令他们沮丧的事情，等等，在多数情况下却是被忽略的。

虽然人与人之间的差异随着年龄增长会越发明显，但所有人对愉悦情绪的追求都不会停止。接下来让我们从老年心理健康的角度入手，看看心理学是如何定义情绪健康的，帮助老年人保持愉快稳定情绪的妙招又有哪些。

根据 2009 年中国科学院心理研究所李娟、吴振云、韩布新三位学者发表的研究，老年人的心理健康可以从五个方面来衡量：认知功能是否正常、情绪是否积极稳定、自我评价是否恰当、人际交往是否和谐以及适应力是否良好。

　　本章将重点阐述如何在老年期做到情绪积极稳定。需要注意的是，这里提到的"情绪积极稳定"不仅指积极情绪多于消极情绪，还有一层含义是，个体在出现消极情绪时可以积极主动地自我调整。比如，遭遇老友的去世后，主动倾诉和宣泄悲伤的情绪更有利于心灵伤口的愈合。

老年人常见的消极情绪

　　情绪是一种复杂的心理过程，是我们对事、对人的体验以及相应的行为反应。在日常生活中，我们很少直接使用"情绪"这个词，而是用一些更加口语化的词来表达类似的含义，比如"感觉""心情"等。我们每天都在表达自己的情绪，比如在生日当天得到亲朋好友的祝福时会说："我今天过得真开心呀！"在面临一场非常重要的考试时会发个朋友圈:"虽然紧张,但是不慌,一定拿下这场考试。"

情绪可分为基本情绪和复杂情绪。基本情绪包括快乐、愤怒、恐惧、悲伤等,而复杂情绪是我们经过后天学习与人际交往才会产生的情绪,往往和自我评价相关联,包括但不限于骄傲、自豪、焦虑、抑郁、羞愧、内疚等。

接下来,我们聊聊焦虑这种在老年人群中较为常见的消极情绪。

什么是焦虑

焦虑是感受到威胁时产生的一种紧张的、不愉快的情绪状态,由特定情境引起,时间可长可短。"催婚"这个词在大龄未婚子女家庭中出现的频率格外的高,很多中老年父母在面对大龄未婚的子女时,都会产生焦虑情绪。相信看过《咱们结婚吧》这部电视剧的观众对薛素梅这个角色的印象都很深。由于女儿30多岁一直没有嫁人,薛素梅在和女儿的交流中经常情绪激动、咄咄逼人,大吵的时候还可能会出现身体发抖、晕眩的情况；在独处的时候，她又会落寞神伤，心烦意乱。此外，薛素梅的睡眠质量也很差，入睡困难，经常夜醒。以上都是焦虑的典型表现。

关于焦虑的流行病学研究结果显示，中国老年人中焦虑症的平均患病率为 6.79%；尚未达到焦虑症诊断标准但有焦虑症状表现的老年人占 22.11%。那么，为什么焦虑情绪在老年群体中的出现率较高呢？什么因素会导致老年人出现焦虑情绪呢？

导致老年人焦虑的因素

1. 睡眠：一旦上了年纪，睡眠时长和质量就都会开始下降，优质睡眠的减少可能直接导致情绪的波动，如出现焦虑、易怒等情况。

2. 人际关系：由于处于生命的后期，老年人会无法避免地面对别离，朋友、亲属、伴侣的离世，以及与孩子关系的疏远，并可能因此产生焦虑、担忧和恐惧的情绪。

3. 社会经济地位：退休后工作能力的下降和

经济收入的减少都增加了老年人的不安全感，对于因为经济地位下降而失去他人尊重的担心加剧了焦虑情绪。

4. 躯体疾病：年龄渐长带来的身体衰弱会使老年人产生无力感。担心自己生病、对生活无法自理的恐惧进一步加剧了焦虑情绪。

如何应对焦虑

值得注意的是，消极情绪并不是一种器质性疾病（如心脏病、糖尿病），当老年人消极情绪体验较多的时候，不要有过分的精神压力和心理负担，可以尝试采取以下措施进行调节。

对于老年人来说：

1. 允许自己焦虑

消极的焦虑情绪与积极的自豪情绪都是情绪的一部分，如同接受万有引力一样去接受自身存在的焦虑情绪，不要仅仅因为自身有一些焦虑情绪就全盘否定自己。比如，担心刚刚做完心脏搭

桥手术的老伴的身体是正常的，要允许自己因此
而产生焦虑情绪。

2. 适度调整认知

有些焦虑情绪是由于老年人缺乏相关知识，
引发担心、过度夸大危险发生的可能性而产生的，
比如害怕自己生病，担心摔倒等。焦虑情绪出现
的时候，常伴随着胸闷、心慌、气短等身体不适
的症状。这时候可以适当调整认知，正确认识自
己当前的身体和心理健康状况，及时和子女沟通
并去医院检查和治疗。

3. 培养广泛的兴趣爱好

兴趣爱好或娱乐活动可以增加老年人的自信
和控制感，有助于放松并缓解焦虑情绪。比如，
老年活动中心有棋牌室、乐器演奏室以及广场舞
教室等，在这里参加各种活动可以使老年人的身
心健康状况和思维能力都得到极大的提升；热爱
户外活动的老年人也可以打打太极拳或者进行钓
鱼等修身养性的活动。

对于子女来说：

1. 多看望老年人，常与他们沟通交流

中国国务院先前公布的《"十三五"国家老龄事业发展和养老体系建设规划》提出，到 2020年，我国 60 岁以上老年人口将增加到 2.55 亿人左右，占总人口比重提升到 17.8% 左右，其中独居和空巢老年人将增加到 1.18 亿人左右。其实，很多老年人的焦虑情绪是缺乏子女关怀以及沟通较少引起的。

子女在和老年人相处的过程中常常会从自己年龄段的思维出发，以自己的想法去揣测老年人的想法，因而往往无法真正回应老年人的需求。不妨换位思考，多想想如果自己是老年人，有没有得到子女在情感方面的关注、包容与陪伴。

此外，沟通交流是有来有往、需要双方参与的。老年人的"舌尖现象"（见第 2 章）相较于年轻人来说更明显，因此，每次互动期间，子女要引导父母说出自身的感受，比如开心与否，需要家人在哪方面做出改进等。

2. 寻求正确的解决方式

许多老年人的焦虑情绪都是由具体的事件引起的，因此协助老年人解决现实的问题可以在很大程度上缓解他们的焦虑情绪。比如有些老年人的子女经常出差，当老年人不知道子女的安全状况时，很容易担心焦虑。这种情况下，在外出差的子女可以每周和父母视频通话两次，聊聊近期的工作状况和身体状况，这样简单的举动可以极大地缓解乃至消除父母的焦虑。

积极情绪何处寻

子女总希望上了年纪的父母能保持心情愉悦，所以，有些孝顺的子女会给父母购买先进的按摩仪器和昂贵的营养品，请保姆照顾父母的生活，等等，似乎为父母花的钱越多，父母就会越高兴，但事实果真如此吗？

衣食住行只能满足老年人最基本的生活需要，想让父母心情愉悦，则要满足他们更高级的需求，例如被尊重的需求（给予老年人对自己生活的控制

感和选择权，尊重老年人的意愿）和价值感需求
（让老年人体验到自己是有价值的，是被家庭和社
会需要的）。

对此，子女该如何"投其所好"？老年人自
己又可以怎么做呢？

对于子女来说：

1. 欣赏式探询

经常有子女苦恼如何才能让父母听进去自己
的劝告，比如少相信一些所谓的"偏方"，不要
听别人的怂恿去办什么卡，可是劝诫的效果往往
不好。问题的症结之一，可能就在于子女与父母
的沟通方式不当。"良药苦口利于病，忠言逆耳利
于行"，有时候，当我们试图向他人提建议时，为
了达到说服效果，会话锋尖锐地攻击他人的痛处。
而事实上，这种说服方式并不一定会起效果，反
而会刺激对方产生消极情绪。

美国凯斯西储大学管理学院教授大卫·库珀
里德（David Cooperrider）提出了"欣赏式探询"
的理念，鼓励人们用真诚和欣赏的态度对他人的

优点和长处加以赞扬，促使对方更加积极地建设自己的人生。因此，在与老年人沟通时，应尽量避免使用消极的词语，多使用积极乐观的词语，对优点和长处正面肯定；避免直截了当的指责，而是使用委婉的方式提醒对方。另外，在传达消极的信息时要注意照顾对方情绪，如辅以鼓励和称赞，使对话可以在乐观的氛围中结束。

比如，常年受腰痛困扰的母亲想要试试某个商家宣传的某种保健品。子女在知道这种保健品可信度不高的情况下，该如何进行劝解？简单地指责母亲"不相信科学"是行不通的。如果子女首先肯定母亲主动寻找健康信息的行为，理解母亲忍受病痛的苦楚，赞扬母亲在做出决定前进行的各种思考（"您考虑这么多挺好的""您还替我们着想，不想花我们的钱"），然后委婉地提出自己的看法（"我的想法是……，也不一定对，还需要跟您商量"），那么母亲可能会更容易接受子女的建议。

2. 积极主动地回应

在日常交流中，使用一些交流技巧也是必要

的。带有积极意义的话语和表达方式可以给子女本人和父母都带来愉悦的体验。

当父母分享他们最近的生活时，子女要认真倾听，并用积极的、主动的方式来回应他们。比如，当母亲和子女分享学会的新菜式时，子女可以说："哎呀，您太棒啦！我也想学，咱们现在就去菜市场买新鲜食材，等会儿您可得手把手教我做哟！"当母亲和子女分享自己学会了一支难度系数很高的广场舞时，子女可以回应："太棒了！我太为您骄傲了。这么难的舞蹈您都学会啦！快告诉我您是怎么练习的，比较难的动作您是怎么记住的呢？"进一步提出分享的要求，是在言语赞赏基础上更加主动的回应。

积极主动的回应可以使聊天双方的情绪和情感快速达到同频的状态，对方在感受到你已经接收到他传达的信息和情绪之后，原本的情绪会变得更加饱满，聊天的氛围也会更积极、温暖，有利于双方获得快乐。

3. 陪伴既要保质又要保量

从"小棉袄""皮大衣"等比喻就可以看出，

子女是父母最好的陪伴者。但是，随着子女长大成家，他们与父母相处的时间也越发减少了。多年前热播的一则公益广告就是对这种情况的生动写照：一位独居老人为儿女准备了一桌团圆饭，却接到儿女一前一后推说公司有事来不了了的电话。电话挂断后老人自言自语道："忙，都忙，忙点好啊。"画面一转，老人独自对着电视上的雪花屏发呆，一桌子菜也凉了。

人到老年，因为知觉到未来时间的有限性，所以会加倍重视家庭关系的和睦，会优先选择能够满足情感目标的活动，从而加强与亲人之间的联系，比如寒暑假帮忙带孙子孙女，常常给工作忙碌的子女送饭等。从这一角度来看，子女要提供高质量的陪伴并不困难。

一方面，陪伴要保质，比如在与父母齐聚一堂的时候，暂时放下手头的事务，踏踏实实坐下来听父母讲讲他们年轻时候的欢快往事，或者自己小时候的调皮趣事，时不时露出会心的微笑并适时真诚地拍手称赞，让陪伴成为真正的互动和分享，而不是人在心不在。

另一方面，陪伴也要保量，如果住得离父母不远就经常回家看看，离得远也要定期打个视频电话，让他们知道子女的近况，让他们安心。毕竟在老人眼里，子女不管多大都是孩子。

对老年人来说：

1. 把握控制感

研究表明，老年人对物理环境的控制感可以明显预测其主观幸福感中的积极情绪。

借用美国外科医生和新闻工作者阿图·葛文德（Atul Gawande）在《最好的告别》（*Being Mortal*）一书中的一句话来对控制感进行描述，那就是"生活中最美好的事情是能够自己上厕所"。

老年人不要放弃对自身生活的控制感。现在很多父母在子女遇到麻烦的时候，常常会伸出援手，比如帮子女带孩子，但又因为带孩子而失去了自己的时间和空间，甚至导致一些个人计划的实行一再延迟。针对这一情况，老年人可以根据自己的需求对一些要求说"不"，在尽可能地坚持自己的生活习惯和计划的前提下帮助子女，从而保持对自身生活的控制感。

2. 凡事往好的地方想

生活就像一只杯子，有的人看到杯子里的半杯水时产生了消极悲观的想法："唉，只有半杯水，不够喝了，喝光了怎么办呢？"而有的人就能够看到积极的一面："真好，还有半杯水喝，不会口渴了。"

随着阅历的累积，老年人对待生活中的波动，能够更好地做到波澜不惊。凡事多关注积极方面，自然就能收获更加美丽的心情。

3. "三件好事"练习法

老年人可以在每天晚上睡觉前抽出 10 分钟，在本子上或者电子设备中记录当天发生的三件开心的事情，并分析它们让自己感到开心的原因。

这三件事可以是很稀松平常的生活点滴，比如"今天买的蔬菜很新鲜"；当然也可以很重要，比如"我的女儿交了一个品质很好的男朋友"。接着,在每个事件下面写下这些开心事的发生原因。比如,以上面的两件事为例,可能是"因为我赶了个大早去菜市场",或者"因为我认真考察了不同小摊的蔬菜质量";"因为我一直在给女儿祈福",或者"因为她既优秀又幸运"。

千万不要小看"三件好事"练习法的效果,美国心理学家马丁·塞利格曼对进行"三件好事"练习和未进行练习的参与者进行追踪调查,结果显示,6个月后,前者的平均幸福指数要比后者高50%,平均抑郁指数也比后者低20%。

如果把老年期比作一艘巨轮,那么老年人自身的角色就是船长,是自身生活方向的掌控者;亲朋好友应该成为得力的水手,为老年人顺心舒畅的生活保驾护航。在航行中,会偶遇名为"焦虑""抑郁"的风浪和暗礁,也会有名为"骄傲""自豪"的好天气常伴左右。衷心祝愿每艘巨轮都可以停泊在"愉悦"的港口,安度晚年。

参考文献

[1] 赵小淋，等. 社区老年人心理弹性特点及其与抑郁的
关系 [J]. 成都医学院学报，2015，10(6)：744-747.

[2] 化前珍，等. 西安市社区老年人慢性病与抑郁症状
关系的研究 [J]. 护理研究：中旬版，2009，23(2)：
390-392.

[3] 王大华，申继亮. 老年人的日常环境控制感特点
及其与主观幸福感的关系 [J]. 中国老年学杂志，
2005，25(10)：1145-1147.

[4] ERIKSON E. Childhood and society（35th anniversary
ed.）[M]. New York: W. W. Norton，1985.

[5] BHATTACHARJEE A，MOGILNER C. Happiness
from ordinary and extraordinary experiences [J].
Journal of Consumer Research，2014，41(1)：1-17.

第 14 章

拆掉互联网"围墙"

老年人与互联网

梁轶敏　整理

你知道我国 60 岁及以上的老年网民人口有多少吗？

2021 年中国互联网络信息中心发布的第 47 次《中国互联网络发展状况统计报告》显示，60 岁及以上网民规模约为 1.1 亿，约占全国网民比例的 11.2%，约占我国老年人总人口（约 2.54 亿）比例的 43.3%。虽然无论是从绝对数量还是相对比例来看，近年来老年网民群体规模都在不断壮大，但仍有超过六成老年人没有主动接触互联网，或只是被动融入了互联网时代。在二维码遍地开花、网络购物盛行的今天，如何让更多老年人积极拥抱互联网，共享社会科技发展成果，成为社会共同关注的议题。

老年人上网与众不同

中国传媒大学陈锐等人的研究指出，随着科技的进步，数字化越来越普遍，网上购物、文件传送、远程视频通话等活动和技术都借此得以实现，让生活越来越便捷。对于老年人来说，互联网带给他们的是什么？他们在互联网使用中表现出哪些与众不同的特点？

1. 老年人的上网态度比较严肃认真

老年网民性格相对成熟，包容性也更强。不管是对网络新闻做出回应，还是在论坛中发帖、回帖时，他们都很少无理由地谩骂发泄，更不会恶搞。

与具有娱乐、发泄、游戏特征的青年网民相比，老年网民会更加注重在社交平台上的印象管理。

2. 老年人的网络社区忠诚度和黏合度高

老年人闲暇时间充足，可以长时间上网，而且在目前的中国，大部分能够上网的老年人都有一定的经济自主能力。

　　因为特定兴趣爱好聚集在一起的老年网民，不像青年网民蜻蜓点水般地参与网络社区的活动，而是有着极高的忠诚度和黏合度，甚至会把网络活动向现实生活中延展。

3. 老年人乐于通过分享经验实现自我价值

　　在网络社区中，青年人大多是"看客"，满足于浏览；老年人则更愿意发言，通常非常乐意为别人出谋划策，也乐于在网上分享自己的人生经历和感悟，他们通过这些方式实现社会互动，使自我价值得到肯定。

4. 老年人学习能力下降，要求内容简单化

　　老年人上网遇到的问题是，他们必须抵抗自身认知能力和记忆效果的退化；对一些电脑操作问题，他们掌握起来会比较慢，一些软件的英文界面也对他们构成极大的障碍。

　　老年人对网络的熟悉和适应过程比较缓慢，而且在此过程中往往得不到帮助。这就使得老年人希望他们接触的网络内容偏简单化，以便于理解和接受。

5. 生理因素导致老年人特有的网络使用习惯

长时间上网会使老年人的眼睛、肩颈、腰椎等部位感到不适，所以他们连续上网的时间会明显地受到身体状况的限制。这也是以老年群体为服务对象的网站放大字号、页面设计简洁化的原因，也是很多中老年人偏爱闪闪发光、字体又大又艳丽的表情包的原因之一。

此外，很多老年人采用的是手写输入法，操作电脑速度比较慢，这也会影响其上网行为。

老年人上网益处多多

诚然，老年人可能在使用网络服务方面存在一些困难，但这并不代表他们不期待、不渴望享受信息化、智能化发展带来的便利，毕竟使用互联网可以给他们带来各种切实的好处。

首先，上网的老年人有更强的幸福感。

德国海德堡大学的研究人员通过研究老年人使用手机、电脑、平板电脑等设备与主观幸福感（以自主性、孤独感、社会失范为指标）之间的关系发现，上网的老年人会有更少的孤独感，会更少采取不合规手段达到目的，而且会有更高的自主性，能更好地控制自己的生活并做出决定。美国密歇根州立大学的研究者同样发现，适度上网可使老年人患抑郁症的风险降低30%。中国社会科学院社会学研究所、腾讯社会研究中心、中国社会科学院国情调查与大数据研究中心联合发布的2018年《中老年互联网生活研究报告》指出，信息获取和沟通交流是55岁以上人群上网的最主要目的。老年人通过上网获得与社会的联结以及参与社会生活的机会，这使得他们对现代社会有更强的适应感，从而有助于增强他们的幸福感。

其次，接触互联网对于维持、提升老年人的认知能力有积极作用。

2016年，美国旧金山格拉德斯通研究所的米凯拉·陈（Micaela Chan）等研究者召集了54名没有智能设备使用经验的老年人，并将他们分为三组：电子设备组、交往组、家中活动组，每组18人。在接下来的10周内，他们按照研究者的要求进行了不同的活动。

　　在 10 周的活动开始前，研究者测试了这些老年人的一些认知能力（加工速度、心理抑制、情景记忆和视觉空间加工）；10 周后，研究者重新测试了这些认知能力。简单来说，三组老年人从事了相同时长的活动，只是电子设备组从事的活动是学习使用电子设备上网，交往组的活动是进行社会交往，家中活动组则是在家中进行一些简单的认知活动，比如玩填字游戏、看电影。测试结果表明，电子设备组的老年人在加工速度和情景记忆两方面的进步要优于另外两组。

　　华中师范大学洪建中等人（2015）的研究发现，使用网络的老年人的社会认知能力显著高于不使用网络的老年人，具体表现为前者能更好地理解他人的情绪和想法。

　　互联网对绝大部分老年人而言是新生事物，在上网过程中需要学习大量新知识，既包括智能手机的操作方式，也包括新概念、新理念。复杂的学习活动对老年人无疑是一个挑战，也的确是锻炼认知能力的好机会。

最后，玩网络游戏有助于延缓认知衰老。

不少老年人喜欢玩一些网络游戏，这其实对于保持认知健康大有裨益。玩游戏是一项需要多种认知能力参与的活动，即便是简单的"连连看""消消乐"，也需要较强的手眼协同能力、较快的反应速度、高度的注意集中以及一定的记忆能力，甚至还需要运用一定的策略。如果是大型网络游戏，除了复杂认知能力之外，还会有人际社交的卷入，这同样有益于老年人保持认知健康。当然，凡事不可走极端，尽管玩网络游戏对老年人有许多好处，但不能过度，因为久坐久视对老年人的身体健康是不利的。和青少年一样，老年人玩网络游戏也要注意适度，防止游戏成瘾。

老年人上网阻力重重

老年人上网有诸多好处，遗憾的是，为数众多的老年人仍未开启上网之旅，学习使用互联网。对老年人来说，学习上网这种全新的技能无疑是很大的考验。

因为老年人感知到生命所剩的时间有限，所以学习使用互联网这样复杂的新知识，往往并不是老年人最在意的事情。

更重要的是，老年人在上网过程中常常需要抵抗自身某些认知能力的衰退（例如记忆力的退化），对一些复杂的操作掌握起来会比较慢。学习能力的下降会进一步带来控制感的缺失。老年人会比年轻人更多地追求对于生活的控制感，面对完全陌生的电子设备，老年人会因为无法掌握复杂的操作而感到心里"没谱"，频频遭遇困难会让他们对控制感的需求得不到满足。

这里要引入一个心理学概念——心理资本，它是指个体在成长和发展过程中表现出来的一种积极心理状态，具体表现为四个方面：

1. 个体在面对充满挑战性的工作时，有信心并能付出必要的努力来获得成功（信心）。

2. 对现在与未来的成功有积极的归因（乐观）。

3. 对目标锲而不舍，为了取得成功，在必要时能调整实现目标的途径（希望）。

4. 当身处逆境和被问题困扰时，能够持之以恒,迅速复原并超越,以取得成功(韧性)。

2013年,美国得克萨斯大学的蔡(Choi)和迪尼托(DiNitto)通过研究发现,拥有更多心理资本的老年人会更频繁地在生活中使用网络。学习上网遭遇困难带来的控制感的缺失,会消耗老年人的心理资本。那些本来就因为生活其他方面的不顺而心理资本匮乏的老年人,更容易在遇到使用方面的困难时放弃使用互联网,或者对于接触互联网心怀抵触。

如何助力老年人跨越数字鸿沟

要帮助老年人享受互联网带来的红利,就要尽可能地帮助他们积累心理资本,让他们对上网产生一些控制感。

老年人自己、年轻人以及整个互联网产业可以做出哪些改变来促进老年人更好地使用互联网呢?

首先,从老年人的角度来看,互联网适应性更好的老年人,对老年人群体的特点更加了解,更有可能知道在学习使用或者适应互联网的过程中容易在哪里出错或者遇到困难，还会通过分享自己的学习历程来激励、引导和帮助其他老年人融入互联网的世界。

其次，从年轻人的角度来看，年轻人需要给予老年人更多的帮助。极光大数据发布的《2019年老年群体触网研究报告》指出，大多数应用软件产品在设计方面主要定位于年轻用户，而老年网民由于信息能力低、自主能力低，成了网络学习的被动接受者。成年子女可以在老年父母使用智能手机和电脑遇到困难时提供及时的帮助，还可以教他们如何使用各类方便生活的软件，如何通过互联网更有效地与家人朋友联系。需要提醒的是，老年人学习新东西的速度可能会比较慢，他们可能需要多次示范或者很长时间才能掌握基础操作，因此，教老年人使用互联网要有更多的耐心和更低的预期。

以当前疫情下的手机扫描健康码为例。对准二维码、打开扫一扫、更新行程信息、生成实时健康码，这些对于年轻人而言极其简便的动作，却让不少老年人"寸步难行"。

老年人对分心刺激的抑制能力比年轻人差，因此难以忽略与当前任务不相关的东西。然而无论是支付宝还是微信，进入到健康码的界面可能都需要多步骤操作和界面切换，这些无关信息会干扰和阻碍老年人的学习过程。同时，老年人因记忆力下降而难以记住操作流程也是他们使用健康码的很大阻碍，这可能会导致他们失去耐心而拒绝配合扫码。

因此，年轻人可以考虑通过以下五步引导老年人正确使用二维码。

1. 劝导他们学习使用健康码时，可以凸显学习所能带来的情感收益，提高他们的学习动机。例如告诉他们"学好这个才能和隔壁王阿姨逛超市"，或者"学好这个才能坐公交车见老朋友"。

2. 教导他们时，要用老年人可以理解的话语，一步一步地讲解和演示各个步骤。必要时可以画一个简单的操作流程图来帮助他们记忆。

3. 采用循序渐进式的教导方式，让他们自主完成一个个小步骤，获得一定的成就感，以抵消一部分学习新知识时的不适感，弥补控制感。这样有助于他们坚持完成学习过程。

4. 演示过后，要在一旁监督他们多练习几遍。这样既有助于形成记忆线索，也能随时答疑，避免问题累积。

5. 注册完健康码以后，可以将小程序放在桌面或者应用首页（部分地区的小程序可行），方便他们后续独立使用。

最后，各大互联网公司应该加大对适老化应用软件的研发投入，为老年人开发一些适合他们使用的、方便易掌握的手机程序，让他们能够更加轻松地融入互联网世界。例如，铁路 12306 平台对网络售票系统进行了优化调整，在票量充足的情况下，其手机客户端能自动识别 60 岁以上的老年旅客并为其优先安排下铺；高德打车"助老模式"推出一键打车服务，让老年人不用输入地址也能打车；百度 APP 在大字版中增加"陪伴电台"功能，让视障老人能用音频形式实时获取信息；等等。

时代的发展需要每个人的参与。老年人作为

这个社会曾经的中坚力量，在互联网群体中的占比也将越来越大。无论是个人还是社会，都应该协助他们以更体面的方式参与到互联网共建的大环境中，融入飞速发展的数字时代，享受互联互通的发展成果。

参考文献

[1]　陈锐，王天. 老年人网络使用行为探析 [J]. 新闻世界，2010(2)：89-90.

[2]　洪建中，黄凤，皮忠玲. 老年人网络使用与心理健康 [J]. 华中师范大学学报（人文社会科学版），2015，54(2)：171-176.

[3]　极光调研. 2019 年老年群体触网研究报告 [R/OL].（2019-10-25）. http://www.jiguang.cn/reports/450.

[4]　中国互联网络信息中心. 第 47 次中国互联网络发展状况统计报告 [R/OL].（2021-02-03）.http://www.cac.gov.cn/2021-02/03/c_16139234423079314.htm.

[5]　中国社会科学院社会学研究所，腾讯社会研究中心，中国社会科学院国情调查与大数据研究中心. 中老年互联网生活研究报告 [N]. 光明日报，2018-03-22(15).

[6]　CHAN M Y，HABER S，DREW L M，et al. **Training older adults to use tablet computers: does it**

enhance cognitive function? [J]. The Gerontologist, 2016, 56(3): 475-484.

[7]　CHOI N G, DINITTO D M. Internet use among older adults: association with health needs, psychological capital, and social capital [J]. Journal of Medical Internet Research, 2013, 15(5): e97.

[8]　ZHOU J, RAU P L P, SALVENDY G. A qualitative study of older adults'acceptance of new functions on smart phones and tablets [C]. International Conference on Cross-cultural Design. Springer, Berlin, Heidelberg, 2013.

第 15 章

老年人防骗攻略

防止老年人上当受骗

梁轶敏　整理

———————

　　以维护消费者权益为主题的央视 3·15 晚会上，有关老年人受骗的话题层出不穷。仅近几年，几乎每年都有针对老年人的消费陷阱被曝光：2016 年是信息隐私泄露，2017 年是向老年人推销各种产品的所谓"健康讲座"，2018 年是关于食物相克与营养的谣言，2019 年是不卫生的纸尿裤，2021 年是手机恶意程序。总有人将人性中的恶倾泻在老年人身上，利用他们的弱势骗取他们的信任，侵犯他们的健康和权益，甚至掠夺他们的养老金。是什么原因让老年人成为骗子眼中的"提款机"呢？老年人又该如何避免上当受骗？

为什么受伤害的总是老年人

　　诱导老年人出售房产、设赌局掏空老年人钱袋子、送小礼物诱骗老年人购买"三无"保健品等针对老年群体的诈骗犯罪时有发生，五花八门的诈骗套路让许多老年人防不胜防。为什么老年人会成为不法分子眼中的"香饽饽"？

1. 老年人更容易信任他人

　　2012 年，香港教育大学的李天元和香港中文大学的冯海岚（Fung Helen）对 38 个国家不同年龄段的 57 497 位受访者进行了信任相关的测试，信任对象包括家人、朋友、邻居和陌生人。分析测试结果发现，随着年龄增加，"一般信任感"（针对不特定的他人）与"特定信任感"（针对家人、朋友、邻居以及陌生人）都显著增高了。值得注意的是，在对熟悉亲近对象（如家人、朋友）的信任上，老年人和年轻人的差异并不算大；在对于较疏远对象（如邻居、陌生人）的信任上，老年人的信任程度则显著高于年轻人。

老年人对他人的信任高于年轻人，可能有两方面的原因。一方面，老年人由于身体机能和认知功能的衰退，在面对问题时会更依赖他人的帮助，这种依赖会使得老年人倾向于对他人的行为做出更积极的判断和评价，从而更容易信任他人。另一方面，根据社会情绪选择理论，随着年龄的增长，老年人知觉到的未来时间比年轻人更短，因此优先追求的目标也在发生变化；到了年老时，个体的优先目标是和他人建立紧密的情感联结，拥有良好的人际关系，而信任他人正是建立情感联结和人际关系的前提。正是这种对几乎所有人的"低门槛"信任，让老年人更易为心怀鬼胎的人所欺骗。

2. 老年人更容易受误导信息的影响

美国艾奥瓦大学的研究者埃里克·阿斯普（Erik Asp）等人以18位腹内侧前额叶皮质受损的患者以及21位前额叶皮质以外脑区受损的患者为研究对象，向患者展示了商品广告，并询问他们对这些广告的相信程度。结果显示，即便是在被告知广告有误导嫌疑的情形下，腹内侧前额叶皮质受损的患者对这些广告的轻信度依然比其他患者高出两倍，同时表现出了最强烈的购买欲。

前额叶皮质是位于额叶前部的大脑皮质，即大脑最前端的皮质，主要负责计划、监控、控制等，其功能与认知和行为管理息息相关，是人的"决策中枢"；而其中的腹内侧前额叶皮质的功能与人的信任和猜疑心有关。研究显示，随着年龄的增加，特别是在 60 岁之后，前额叶皮质的结构完整性的削弱会先于大脑皮质的其他区域，也就是说这部分皮质会先萎缩，从而导致老年人评价和判断外界信息的能力下降，对于误导性信息的轻信程度高于年轻人。

3. 老年人更易为积极信息所影响

社会情绪选择理论指出，随着年龄渐长，老年人更加关注自己的情绪体验，也更偏爱那些和积极情绪有关的信息。老年人偏爱积极信息的这种现象，被称为"积极效应"。这样，我们也就可以理解，为什么一些老年人面对推销的时候，容易被那些小"优惠"、小赠品吸引，容易相信行骗者对某个产品的所谓"优点"的夸夸其谈。不少骗子正是利用了老年人的这种心理特点，通过哄老年人开心，使他们在积极情绪状态下做出决策，达成骗财骗物的目的。

如何不被情绪与环境裹挟

首先，老年人要多接触社会，多熟悉受骗案例。老年人可以多看电视、报纸，多听广播，让自己的视野更加开阔；同时可以关注一些与警方有密切合作的防诈骗公众号如"终结诈骗服务平台"，下载"全民反诈""国家反诈中心"等应用软件，了解更多诈骗的套路从而能够在遭遇骗局时更快更准地识破骗子的伎俩。此外，还要多参与社会活动，多与身边的人交流，减少骗子的可乘之机。

其次，不要在情绪亢奋的状态下做决策。当老年人的情绪处于亢奋状态时，面对复杂的任务会犯更多的错误。例如，面对"中大奖"之类的

诈骗时，如果过分激动，就会只关注其中的奖励
信息，而忽略那些可疑的线索。在面对"被公检
法机关通缉"之类的诈骗时，如果被恐惧情绪支
配，就很容易被骗子牵着鼻子走。因此，平时无
论遇到什么"意外惊喜"或者"突发情况"，一定
要多采取冷处理的手段，把并不十分迫切的决策
"放到明天再说"。特别是在发现自己的心情有较
强烈的波动，情绪反应比较大（特别高兴、特别着
急、特别害怕等）时，一定要先让自己冷静 5 分
钟，喝一杯温水，打个电话问问子女或朋友的意
见，在情绪冷却后，再运用自己丰富的人生经验
做出更理智的决断。

　　再次，在被环境裹挟的状态下要提高警惕。
脱离社会工作岗位的时间越长，老年人越容易与
主流社会脱节，很难获取全面的信息。有时候，
老年人为了使自己不处于被孤立的状态，会受从
众心理驱使，不管自己对某种事物是否认同，都
做出与身边人一致的行为。这就使得老年人在一
些所谓的"健康讲座"上，很难抵御身边的"托"
的影响，从众购买被推销的产品。面对被类似环

境裹挟的情境时，老年人可以先问问自己"这个东西买回去放在哪儿""这个东西买回去我一个月能用上几次""这个东西是不是像柴米油盐那样必需""同样的钱我可以拿去买哪些我一直想买的东西"等问题，判断什么才是自己真正需要的东西，避免受他人影响而做出决策。

另外，在实际生活中，特别是涉及钱财的决策时，老年人要多利用辅助工具，学会用录音、拍摄等方式保存信息，保留关键的证据。这样一旦发生受骗上当的情况，就有机会发起维权，挽回损失。

全家一起帮助老年人

首先，子女要给老年人足够的安全感。莫道桑榆晚，人间重晚晴。家人的关心帮助可以有效增强老年人对诈骗的免疫力，提升老年人的自我保护意识和能力。如果老年人与家人缺乏情感联结，就会使得骗子有可乘之机。子女可以多陪在父母身边，多和他们聊聊社会上的事情；积极的交流可以使老年人感受到安全与陪伴，相信子女才是最可信的人，从而隔断与骗子建立情感联系的可能性。如果父母已经对骗子产生了信任，子女也不要急着硬生生地掐断父母和骗子的联系，甚至使用指责、辱骂这样的过激方式。子女可以顺着父母的话头，通过聊天的方式了解父母和骗子之间的交往过程，从中发现疑点，提出一些疑问，引导父母自己去思考对方是否可信，这样比或声嘶力竭、或苦口婆心地质问"他就是个骗子，你怎么不信"更有效一些。

其次，家人与社会要多模拟情境，让老年人熟悉陌生套路。由于老年人的认知资源相比于年轻时有所下降，更倾向于基于直觉和经验，并在只考虑部分选项的情况下进行决策，因此，家中有老年人的家庭，可以从老年人熟悉的、典型的情境入手，如出门买菜遇到陌生人搭话、接到陌生电话等，与老年人交流骗局的套路和一些典型特征，有条件的话还可以通过情境模拟的方式加深老年人对骗局的直观认识，帮助老年人通过熟悉骗局套路来降低遇到现实情境时对认知资源的消耗，做出正确的判断。

子女还可以带着父母共同学习由公安部发布的《中国老年人防诈骗指南》，提升防骗意识和能力。公安部推广的"防骗六招"内容如下。

防骗第一招：戒除贪婪心理

加固心理防线，不贪图小利，不相信一夜暴富。

防骗第二招：抵制虚荣心理

不爱慕虚荣，不因盲目追求他人的赞美、认可或爱面子而落入骗子的陷阱。

防骗第三招：强化警戒心理

遇事保持冷静，多调查、多思考，对陌生人不轻信、不盲从，个人信息要保密。

防骗第四招：正规途径办事

多从可靠的渠道接触信息，办事通过正规途径，不抱侥幸、走捷径心理。

防骗第五招：常与亲友沟通

遇事不急于决策，不固执己见，多征求亲友意见，常与亲友沟通和交流。

防骗第六招：讲科学、勤学习

心态乐观、积极，科学养生，不迷信；多读书看报，开阔视野，提高防骗能力。

法律和技术为老年人保驾护航

每个人都会变老。老年人安心舒心，需要全社会共同努力用法律和技术为其权益护航。

首先，社会要扭转消极刻板印象，减少污名化老年人的问题。一如有些人将弱势群体遭受性暴力归结于他们自身的性吸引力，当前围绕老年人更易上当受骗的特点也产生了类似的"受害者有罪论"，将老年人的上当受骗归结于他们自身的问题（如辨别骗局的能力不足、爱贪小便宜等）。在解决针对老年人的诈骗犯罪的同时，也必须解决对于作为"非完美受害者"的老年人的污名化问题。大众传媒也应该对老年人多一份体谅，多一份关照，避免加重社会对老年人的刻板印象，杜绝那些让老年人心寒的恶性评论。

其次，社会要积极倡导技术向善。诚然，技术是价值中立的，但如果是在资本的裹挟下，打着助老的旗号，行压榨老人之实，这样的技术就需要受到规范和监督。正如上文对老年人为什么更易上当受骗所解释的那样，老化带来的衰退和信息接收渠道有限，使老年人成了欺诈的"易感人群"。在互联网时代，在一些不法分子眼中，多数初涉互联网的老年人犹如待宰的羔羊，还来不及反应，就被层层叠叠的套路绑架、收割。

以2021年的3·15晚会为例。央视经济频道曝光了打着清理手机内存、解决卡顿问题旗号的多款"手机管家"类应用软件对老年人的多轮收割。70多岁的李女士通过智能手机看新闻、小说时，手机屏幕总会自动蹦出一些"安全提示"，李女士按照提示点击"清理"之后，手机就下载安装了一款叫"内存优化大师"的应用软件。同样路径接力重复，手机接着又自动安装了另外两款应用软件。而这只是针对老年人下套的第一步。这些软件在安装后，会偷偷收集用户信息，然后利用数据信息进行用户画像，给老年人贴上"容易被误导和诱导"的群体标签。之后，各种劣质甚至欺骗性的广告和内容就会源源不断地推送到老年人的手机上。

最后，社会要从制度乃至法律层面保障老年人的财产安全。如老年人办理转账汇款时，设计更多包括通知家人、通知社区等在内的确认项，确保老年人的行动是出于个人意志而非他人蛊惑的；同时，对针对老年人的违法行为从重处理，形成足够的法律威慑。

习近平总书记曾在 2019 年春节团拜会上发表讲话时指出："自古以来，中国人就提倡孝老爱亲，倡导老吾老以及人之老、幼吾幼以及人之幼。我国已经进入老龄化社会。让老年人老有所养、老有所依、老有所乐、老有所安，关系社会和谐稳定。"希望当每一个人看到老年人正在或者即将受骗时，都能想起这句"老吾老以及人之老"，帮助老年人擦亮双眼，走出迷雾。

参考文献

[1] 濮冰燕，彭华茂. 认知老化对于老年人决策过程的影响：动机的调节作用 [J]. 心理发展与教育，2016，32(1)：114-120.

[2] 徐烨，等. 基于老年人受骗案例的社会心理学 [J]. 中国老年学杂志，2016，21：5477-5478.

[3] LI T，FUNG H H. Age differences in trust: an investigation across 38 countries [J]. Journals of Gerontology Series B :

Psychological Sciences and Social Sciences，2013(68)：347-355.

[4] ASP E，MANZEL K，KOESTNER B，et al. A neuropsychological test of belief and doubt: damage to ventromedial prefrontal cortex increases credulity for misleading advertising [J]. Frontiers in Neuroscience，2012(6)：100.

[5] YOON C，COLE C A，LEE M P. Consumer decision making and aging: current knowledge and future directions [J]. Journal of Consumer Psychology，2009(19)：2-16.

[6] FUNG H H，CARSTENSEN L L. Sending memorable messages to the old：age differences in preferences and memory for advertisements [J]. Journal of Personality and Social Psychology，2003(85)：163-178.

[7] LI T，FUNG H H. Age differences in trust：an investigation across 38 countries [J]. Journals of Gerontology Series B-psychological Sciences and Social Sciences，2012，68(3)：347-355.

[8] KIRCANSKI K，NOTTHOFF N，DELIEMA M，et al. Emotional arousal may increase susceptibility to fraud in older and younger adults [J]. Psychology and Aging，2018，33(2)：325-337.

第五部分

优雅地老去

走好下一段旅程

生理上的衰老是无可避免的，但老年人并不能只用"衰老"一词简单概括。人们对于老年期和老年人，往往不考虑个体差异和特定环境就简单下结论，这就是学界所说的老化刻板印象。社会、周围的人甚至老年人自身都可能持有老化刻板印象，而且大多是消极的，会对老年人的身心健康产生负面影响。打破老化刻板印象，积极适应年龄增长带来的各种变化，寻求主动、积极的健康生活方式，应该成为我们追寻的目标。如何实现这个目标，成功老化的典范或许可以为我们提供一些启发。

优雅地老去，除了积极面对衰老之外，同样需要我们正视死亡。接纳死亡体现了对自己生命意义的认可。死亡在中国文化中是一个禁忌话题，又是最容易引起触动的话题。我们对衰老的排斥，在很大程度上源自我们对死亡的恐惧。老年人对待死亡的态度是更加排斥还是更加接纳，面对生命终期，老年人和家人又该如何去做，希望本章的内容可以引发读者的些许思考。

第 16 章

年老并非日薄西山

老化刻板印象

侯雅莉　整理

"变老会是一种怎样的体验？"

"你觉得老年人的生活是怎样的？"

对于以上问题，我想很多人的答案都会包含这几个词：苍老、衰退、疾病、孤独、依赖……这可能是大多数人的老化刻板印象。实际上，许多老年人仁爱、宽容、慈祥，而且拥有丰富的智慧、经验，能给我们很多启迪和建议。

看待老化的"有色眼镜"

老化刻板印象，是指人们往往不考虑个体差异和特殊环境就对衰老和老年人持有的固定预期或结论。很多时候，这种不考虑实际情况的预期和看法是带有消极色彩的。

老化刻板印象在生活中无处不在。在一个主题为"让我们结束年龄歧视"的TED演讲中，演讲者分享了一个生动的例子："疗养院现象"。当你问一个年轻人，疗养院里住的人年纪多大了，他们往往不会回答具体年龄，而是用一个群体表示——"住的不都是老年人嘛"。

事实上，住在疗养院里的人，年龄差距可以达到40岁。人们不会把20岁和60岁的人归为一类，可为什么换作60岁和100岁，许多年轻人就忽略悬殊的年龄差距，刻板地、粗暴地将疗养院里的所有"老年人"都归为一类呢？也许疗养院里有直到生命将尽仍然思维敏捷的他，有身患残疾却依然乐观开朗的她……每一位老人都是独一无二的。

"老了不中用"的想法从何而来

造成老化刻板印象的原因是多方面的。

首先是老年人社会地位的下降。老年人因为身体机能下降而处在一个生产力下降的阶段，能创造的价值远远不如健壮的年轻人，因此社会地位也随之下降，开始承受人们常说的"老了老了，不中用了"的偏见。

针对这一点，社会应该多一些对老年群体更加公平的看法。老年人已经在过往几十年里对社会做出了足够大的贡献，每个人都会变老，此时不应该再苛求他们继续创造和年轻人同样的经济价值。"吃水不忘挖井人"，应该对老年群体抱有更多的敬重和感恩。我们都希望当我们变老时可以享受应有的社会服务和照顾，比如希望政府加大对老年人福利和社会保障的资金投入，社区增加养老服务驿站等，让我们不用因为担心社会地位下降而害怕变老。

其次是社会学习的影响。人们对老年人的印象，会受到幼年经验和媒体的影响。幼年时心中存在的老年偏见，可能源于对死亡的恐惧，这让人们埋下了讨厌苍老、害怕变老的种子。而在成长的过程中，媒体所塑造的老年人形象又大多体弱多病、记忆衰退，甚至患有老年痴呆，这样的老年人形象会加快消极老化刻板印象的传播。

作为当下最简便、快捷的传播形式，大众媒体应该尽量多地呈现积极的老年人形象，如通过公益广告视频引导人们从积极的角度看待老化，逐步改善社会公众对老年人和老化的看法和感受，展示老年人的客观形象。不过，媒体也不宜传播脱离实际的完美老人形象，导致普通老年人出现不如人的心理落差，以及年轻人对老年人持有不恰当的过度积极的预期。

最后是缺乏对老年群体的了解。很多人其实并不了解老年人这个群体，仅仅因为老年人外表的变老和身体的变弱，就简单粗暴地给老年群体贴上很多消极的标签，比如衰老、疾病、孤独、依赖、消极、吵闹、折磨人、不理性，等等。

与其抱持上述偏见不放，不如多多走近老年人，倾听他们，了解他们，比如可以去养老院做公益，在社交媒体上多关注一些老年人相关的信息，抑或在小区楼下遛弯儿时多和老年人聊聊天，等等。敬老爱老，从客观和积极地看待老化，从了解真实的老年群体开始！只有与老年人近距离相处，年轻人才有机会了解老年人真实的生理和心理状态，或许他们会发现有些老年人行动不便但思维敏捷，有些老年人活力四射、精神矍铄，并非所有老年人都一番模样。

衰老是被灌输的

无处不在的老化刻板印象是从什么时候开始扎根于我们心底的？老化刻板印象又会对人们的行为和观念产生什么样的影响呢？

早年形成的老化刻板印象

很多人都有和爷爷奶奶、姥姥姥爷生活在一起的甜蜜回忆，那你还记得你小时候是怎样看待老年人的吗？你小时候对老年人的看法对你现在如何看待老年人有影响吗？

天真烂漫的小朋友其实很早就有了对变老的看法，哈佛大学心理学家丹尼尔·吉尔伯特（Daniel Gilbert）等研究者发现，儿童在上小学之前就认为变老是一件不好的事情。研究者向孩子们呈现 10 对反义词，让他们从中选出哪些是用来描述老年人的词，他们大多会选择不舒服、生病、困倦、丑陋、无助、固执和衰老这样的消极词。

　　早年形成的老化刻板印象会直接影响个体对于自己老化的接受度。随着年龄的增长，对于变老这件事开始存在的担忧，就是"衰老焦虑"。我们担心老了就不再快乐、不再好看、不再健康；老了就不再有社会支持；老了人生就不再有意义……我们用老化刻板印象看待老年人，自己又在焦虑变老，恶性循环由此产生。

老年期的自我老化刻板印象

　　事实上，老年人不但时常遭受来自其他年龄群体的异样目光，有时还会受到来自本人或老年群体内部刻板印象的影响。例如，不少老年人认为自己是社会的负担，对自身能力也存在偏见，比如默认自己学习能力一天不如一天等。比改变生活条件更难的是改变老年人对自身的消极刻板印象，这些印象对老年人自身的生理功能、认知功能和行为意愿都有负面影响。

在耶鲁大学心理学家约翰·巴格（John Bargh）主持的一项研究中，研究者让老年人看一些消极老化刻板印象相关的词语（如衰老、健忘等），或者让老年人阅读一段有关的材料，随后观察他们的生活状态。结果发现，这些老年人的行走速度下降了，书写功能变差了，甚至生存意愿都明显减弱了。此外，在认知功能方面，心理学家贝卡·利维（Becca Levy）一项长达38年的追踪研究结果显示，持有消极老化刻板印象的老年人记忆能力更差。除了影响老年人的行为意愿、认知功能，消极老化刻板印象对老年人的视力和罹患冠心病的概率也有着消极影响。

如何正确面对老化

变老是我们每个人的必经之路，在老化刻板印象尚无法根除之时，老年人自己该如何正确面对老化呢？

1. 坦然接受自己变老

要知道，你身上的每一道皱纹都是岁月的见证。变老这件事没有想象的那么坏，多去想想变老的好处，接纳自己身体和生活的变化，而不是一味恐惧和焦虑。虽然变老意味着没有更好的记忆力、更饱满的精神状态了，但也意味着拥有更多的经验和智慧、更多的年岁记忆、更多的生活感悟以及更自由的丰富自身的活动时间。

2. 保持乐观的情绪

乐观不仅有利于人际交往，而且有助于体育锻炼、健康饮食等好习惯的养成和保持。保持乐观的情绪更有可能健康长寿！相反，处于悲观情绪中的个体更容易回忆负面经历，从而觉得自己是无能的、悲哀的、衰弱的，认为自己比实际年龄更老。

3. 掌控自己的生活

虽然很多时候老年人会觉得做起事来力不从心，但这并不代表老年人就要完全依赖子女或看护人员。相反，老年人更应该像年轻时一样，尝试主动掌控自己的生活，更多按照自己的喜好和想法来管理生活中的一点一滴。长此以往，掌控自己生活所带来的控制感会让老年人在身体和心理上更加年轻自信，这可以在很大程度上提升老年人的身心健康水平。

4. 做年轻时候的自己

美国著名心理学家艾伦·兰格的研究表明，当老年人住在模拟的 20 年前的环境中时，他们的身体和心理都发生了神奇的逆转。在实际生活中，我们难以营造出 20 年前的生活环境，但依旧可以找回年轻时的自己。老年人也可以打扮得年轻美丽，也可以玩新潮的数码产品。无须放弃年轻时的兴趣爱好，因为年轻的心永远不随年龄变老。

5. 拒绝过度的保护

中国人讲究百善孝为先，对待家中的老人要尽心侍奉，以尽孝道。然而，正是这样善意的保护一步步削弱了老年人的自主性。面对过多的保护，老年人要懂得拒绝，不能倚老卖老，不要整日让孩子侍奉左右，而要多多自己动手，自主发挥。

人们戏说，岁月是一把"杀猪刀"。其实，打磨你的不是岁月这把刀，而是你自己。对老化持有消极刻板印象，为老年人贴上衰老和衰退的标签，丝毫无益于当下的老年人和终将老去的年轻人打破成见，积极地面对老年生活。我们希望，无论是老年人自己还是年轻人，都能够有意识地逐步打破这种刻板印象，用更加全面的眼光去看待年岁的增长，去接纳老年期的到来。

参考文献

[1]　李川云，吴振云. 改变老化态度对老年人记忆作业影响的研究 [J]. 中国老年学，2001，21(1)：3-6.

[2]　姜兆萍，周宗奎. 老年歧视的特点，机制与干预 [J]. 心理科学进展，2012，20(10)：1642-1650.

[3]　黄婷婷，李赟，王大华. 老年人的主观年龄对生活质量的影响：抑郁和焦虑的中介作用 [J]. 中国临床心理学杂志，2017，25(1)：127-131.

[4] BARGH J A, CHEN M, BURROWS L. Automaticity of social behavior : direct effects of trait construct and stereotype activation on action [J]. Journal of Personality and Social Psychology, 1996, 71(2) : 230-244.

[5] LEVY B R. Mind matters : cognitive and physical effects of aging self-stereotypes [J]. Journals of Gerontology, 2003, 58(4): 203-211.

第 17 章

你想怎样老去

成功老化的秘密

徐　慧　整理

———————

　　老去是每个人必经的人生阶段。你是否也曾畅想未来，想象自己的老年生活会是什么样子？那个时候，你是满头银发，步履缓慢，在冬日暖阳的照耀下倚在沙发上休息；还是依然奋斗在工作的一线，伏案写作直到暮色沉沉；又或者已经儿孙满堂，尽享天伦之乐？这些期待或许已经实现，或许即将成为现实。这些纷繁各异的期待是否存在着某些共同点？在人们的心目中，是否存在一种标准的、完美的老年生活景象？

理想中的晚年生活

人们害怕衰老的原因有很多：身体健康状况开始走下坡路；反应不那么敏捷了，也记不住事儿了；生活圈子好像越来越小，很难再认识新的朋友。似乎老去就是不断失去的过程。然而，事实真的如此吗？

随着社会各界对"老年群体如何度过幸福的晚年生活"这一话题日益关注，"成功老化"这一概念也进入了大家的视野。20世纪60年代，美国心理学家罗伯特·哈维赫斯特（Robert Havighurst）首次提出了"成功老化"的概念。他认为，"成功老化"是指老年人具有内在的幸福感，对当下和过去的生活感到满意，并能抵抗随老去而来的衰退状态。随后，美国威斯康星大学心理学教授卡罗尔·莱芙（Carol Ryff）指出，"成功老化"除了关注老年人对生活是否感到满意，还需要明确老年阶段个体的成长与进步。简单来说，研究者们开始从另一个角度关注"老化"：即使年龄渐长，不如年轻时灵活敏捷，老年人也能随个人和环境的变化做出相应的调整，以不断获得价值感，保持幸福、充实的体验。现实生活中成功老化的老年人为数并不少：他们的身体相对健康，保持着良好的生活习惯，能实现自我价值与成长，深感"老有所乐，老有所依"。

被大家所熟知的成功老化的代表人物之一，我国著名呼吸病学专家钟南山院士，85岁高龄仍以惊人的身体素质在医疗、教学、科研工作领域发光发热。从2003年领军战胜非典，到2020年冲在抗击新冠肺炎疫情前线，虽然年龄增长了许多，但钟南山院士依旧保持着良好的身体功能与认知功能，同时积极参与社会事务，展现出极强的个人生活满意度与社会责任感。这一典范印证了更适配中国文化背景与社会环境的成功老化"四维度模型"。该模型是北京师范大学老年心理实验室的彭华茂教授等人在"三因素模型"基础之上进行修改与完善后最终形成的成功老化模型，包含生理健康、心理功能、社会参与及生活满意度四个方面。该模型提醒人们从多样的角度关注老年生活：老年人的身体状况需要重视，认知、心理等因素对老年人生活质量的影响也不能被忽视；除了对各项能力的客观评价，老年人对自己的生活是否满意，是否感到幸福等主观的态度和想法也是成功老化重要的参考因素。

通往成功老化的未来

据《2019年我国卫生健康事业发展统计公报》的数据显示，我国居民人均预期寿命在2019年已经达到77.3岁，并呈现逐年上涨的趋势。按照60岁进入老年的划分标准，很多人将度过接近20年的老年生活。想要把握老年幸福生活的秘诀，有质量地、充实地度过这段时光，首先需要了解是什么在影响人们的老化进程。

"成功老化"概念的提出，使得人们从生理、心理、社会参与等多个维度重新审视老年生活的可塑性。老去其实是一个复杂的过程，受到个人、环境等多重因素的影响。性别、种族、婚姻状况、受教育水平等典型的人口学特征，人们的早期经历以及所处的社会历史文化环境，等等，都在其中发挥了重要作用。这不仅意味着幸福的晚年生活需要整个社会的共同努力，例如整体提升人们的受教育水平；也启发我们，"成功老化"不是仅限于老年时期的话题，从年轻时就重视对未来生活的规划，可以为老年生活质量的提升打下良好的基础。

那么，从个人的角度而言，我们能做出哪些改变呢？老年人可以通过哪些具体的方法促进成功老化？年轻人在帮助老年人的同时，又能为自己的老年生活提前做好哪些准备呢？

简单来说，我们可以从保持良好的生活习惯、注重认知训练、积极参与社会活动、改变老化态度等途径入手。

1. 生理健康：坚持锻炼身体

成功老化的典范之一钟南山院士曾经说过："锻炼就像吃饭一样，是生活的一部分……最大的成功就是健康地活着。"几十年来他一直坚持有规律的身体锻炼，直到现在也是如此。

许多研究都发现，久坐不利于成功老化；适当的锻炼和活动有助于老年人维持良好的身体机能，还能够降低老年人患神经退行性疾病（如阿尔茨海默病）的风险。把握好锻炼的"度"也是很有必要的。例如，对抗性较强的篮球、足球运动，或是举重等训练强度过高的运动，就不太适合老年人。老年人可以根据自身的身体状况和兴趣爱好，选择有能力完成的锻炼方式，循序渐进，长期坚持。晚饭后活跃在小区广场上的老年舞团，健步道上身姿矫健的老年人，树荫下悠然自得打太极拳、练八段锦的老年人，都是健康锻炼的代言人。

2. 认知健康：让大脑活动起来

说起"老干部"，大家脑海中可能会浮现出戴着老花镜、边喝茶边看报的人物形象。其实日常的喝茶读报恰好属于需要动脑的认知活动，是帮助老年人延缓认知能力衰退的良方。对老年人来说，上老年大学、参与有规划的学习活动固然是好的，但在实际情况不允许时，平时多进行自发的脑力锻炼也不失为好的替代方案。不论是阅读书籍报刊，还是下棋打牌，哪怕是在菜场买菜时自己算算菜钱，检查孙子孙女做的作业题，都能帮助老年人维持良好的认知能力水平。"镜子不擦不明，脑子不用不灵"就是这个道理。当老年人感到思路清晰、问题解决顺利时，也会有更强的意愿参与锻炼和社会活动，从而提升生活的独立性，增加成功老化的可能。

不仅是老年人，认知健康对年轻人同样重要。一方面，年轻人有更多接受正式教育的机会，可以通过接受更高层次的教育或训练来提升自我；另一方面，在人生早期养成主动学习、积极思考的习惯也有利于延缓老年期认知水平的下降。年轻人可以及早从环境和自身两个方面为成功老化做好准备。

3. 习惯养成：追求健康的生活方式

不良的生活习惯随处可见，例如饮酒、吸烟、不良的饮食习惯等。它们是成功老化的最大阻碍。

酒精不仅会加速人体衰老，引起肝功能衰竭等生理问题，长期酗酒还会影响大脑结构，造成额叶和海马的萎缩，直接影响注意力、记忆力等重要的认知功能。因此，千万不要抱着"小酌怡情"的侥幸心理越喝越多，最终严重损害身体健康。除了饮酒，吸烟也是常见的危害身体健康的因素之一。卫生部 2012 年发布的《中国吸烟危害健康报告》指出，烟草烟雾中含有 69 种已知的致癌物，这些致癌物会引发机体内关键基因的突变，最终导致细胞的癌变和恶性肿瘤的出现。除了诱发肺癌、皮肤与口腔问题，吸烟对心血管来说也是不小的打击。有数据显示，中青年急性心梗和心脏猝死年轻化的首要原因就是吸烟，因此不仅是老年人，年轻人同样需要远离香烟与二手烟。

此外，作为不良饮食习惯的典型，过量摄入油、盐、糖分以及精加工食品占比过高的饮食方式，被认为与"三高"（高血脂、高血压、高血糖）的发生密切相关。根据《中国心血管健康与疾病报告 2019》的数据显示，中国心血管疾病患者人数达到 3.3 亿，其中高血压患者人数高达 2.45 亿，居于首位。可以说，饮食、血压和心血管疾病就像环环相扣的齿轮，互相关联，相互影响，养成良好饮食习惯的重要性可见一斑。

不良的生活习惯在如今的年轻人当中实属常见。生活节奏快，工作压力大，导致很多年轻人在投入工作的同时，容易"忘我"，忽视自己的生理与心理健康；越来越多《亚健康瞄准年轻人》《处于猝死恐惧中的年轻人》之类的新闻标题见诸报端，新闻媒体对"老年病年轻化""边熬夜边养生"等现象的报道让人担忧。因此不仅是老年人，年轻人也应该及早注意培养良好的生活习惯，为成功老化打好基础。

4. 社会参与：保持人际交往与社会参与

社会环境对老年人的影响是多样的，既包括相对被动的社会支持（例如周围的人提供的物质帮助或是精神支持），也包括主动的社会参与（例如参与社会志愿服务）。改变周围的环境或许很难，但我们可以主动寻求社会支持，并通过提升社会活动的参与度来增进与其他人的交流。国内研究者牛玉柏等人（2019）采用问卷调查法，测量了某地区300余名60～95岁的老年人在社会支持、乐观以及主观幸福感方面的表现。结果发现，老年人获得的社会支持越多，越是感觉自己被关心和爱护，也更可能实现成功老化。试想一下：基本不和朋友来往的老年人与时不时参加聚会的老年人，谁的生活更快乐？整天待在家里看电视的老年人与积极参与社区活动的老年人，谁的生活更充实？不同的选择会影响老年人的社会参与度，进而影响其成功老化。

总的来说，彼此照顾、相互支持的重要他人（比如伴侣、子女），大家庭的和谐稳定，就能给老年人带来满满的幸福感；若再有三五知心好友说说心里话，保持一定的社会接触和交往，则会更有利于老年人的心理健康。年轻人多与家中长辈交流，询问他们的近况，表达自己的关心，是增强他们幸福感的有效途径。除此之外，参加社区的志愿活动或者继续从事一些感兴趣的工作，也是不错的社会参与形式。虽然随着时代的发展和网络技术的成熟，人们逐渐习惯于将人际交往的重心转移至线上，但面对面的交流依然是不可取代的，保持适度的社会活动更有利于排解压力，保持心理健康。

5. 老化态度：人老心不老

除了客观可行的行动，从主观角度而言，如何看待衰老和老年生活、是否持有乐观的生活态度，都会影响老化过程本身。很多研究发现，认为老年生活也可以过得积极、有意义的老年人，更愿意参与认知活动与社会活动，并自觉养成良好的生活习惯，由此形成良性循环，在整体的身体状态、认知表现和兴趣爱好上趋于年轻化；那些觉得"老了还能干什么"的人，则更容易受到认知能力下降的威胁。

我们应当明白，随着年龄的增长，我们会更了解自己，因而能设定更适合自己的生活目标，拥抱全新的人生阶段和不断成长的自己。年轻人需要调整好自己的心态，摒弃老年时期只有衰退和丧失的错误观念，保持应对变化的勇气。

生活总是充满惊喜和满足感，对于新的事物和知识保持开放的态度与学习的热情，只要开始就不算晚。就像"活到老，学到老"这句俗语所蕴含的观点一样，人的发展是持续一生、贯穿始终的。幸福、充实的老年生活，不仅需要其他人的支持与帮助，更需要过去的你、现在的你与将来的你共同创造。

参考文献

[1] 刘雪萍，等. 成功老化内涵及影响因素分析 [J]. 心理发展与教育，2018，34(2)：249-256.

[2] 许淑莲，申继亮. 成人发展心理学 [M]. 北京：人民教育出版社，2006.

[3] HAVIGHURST R J. Successful aging [J]. The Gerontologist，1961，1(1)：8-13.

[4] ROWE J W，KAHN R L. Human aging：usual and successful [J]. Science，1987，237(4811)：143-149.

[5] RYFF C D. Beyond Ponce de Leon and life satisfaction：new directions in quest of successful ageing [J]. International Journal of Behavioral Development，1989，12(1)：35-55.

第 18 章

生的反面与生的补充

如何看待死亡

强袁嫣　整理

———————

"最后，以一种欢乐的心情等待死亡，把死亡看作不是别的，而只是组成一切生物的元素的分解。如果在一个事物不断变化的过程中，元素本身并没有受到损害，为什么一个人要忧虑所有这些元素的变化和分解呢？死是合乎本性的，而合乎本性的东西都不是恶。"

——马克·奥勒留《沉思录》

我们都有的死亡焦虑

欧文·亚隆说："存在主义认为，人生存在四大终极关怀：死亡、自由、孤独和无意义。个体与这些生命真相的正面交锋，构成了存在主义动力性冲突的内容。"存在的一个核心冲突，就是对死亡必然性的意识与继续生存下去的愿望之间的冲突。死亡是一个恐怖的真相，可以激起人们强烈的不安与焦虑，存在主义认为，这是我们生命中所有焦虑的根源。

对死亡的恐惧也许从自我意识诞生开始便出现了。在人类最早的史诗《吉尔伽美什》中，主人公在恩奇都死后感叹："主宰你长眠的是什么？你变得阴暗，不闻我的呼唤。当我死时，岂不也像恩奇都一般？我心伤悲，惧怕死亡。"

生命与死亡相互对立却又相互依存，同时存在，而非先后发生。对于死亡的焦虑，是人类行为产生的重要动因。小到一个人的一生，大到人类文明的沉落起伏，都是死亡在生命表层之下持续骚动的结果。

美国耶鲁大学心理学系教授、精神病学家罗伯特·杰伊·利夫顿（Robert Jay Lifton）曾经谈及人类试图获得"永生"的模式：

1. 生物学模式——通过后代在生物学和基因意义上"存活"下来。人类的婚配生育就是一种典型例证。

2. 神学模式——在凡俗中死亡后,可以在另一个世界中获得永恒的生命。如基督徒寄托于天国,认为永恒的天国就在路的尽头。

3. 创造性模式——通过创作作品或者帮助他人来延续生命。这是一种在现代社会中非常普遍的"永生模式",诸如艺术家创造艺术作品,心理治疗师疗愈病人,个体通过对他人、对世界的影响"存活"下来。

4. 永恒自然的主题——通过与支配生命的自然力联结而延续生命。[⊖]

5. 超验的模式——通过"忘我"与"物我合一"而永远"活在当下"。神经科学研究发现,如果人们进入一种静坐入定的状态,脑电波就会形成整齐的节律,人们就会进入一种"物我合一,物我两忘"的状态。

所有人都在面对死亡焦虑。大部分人会发展出适应性的应对模式——由一些基于否认的策略所组成的死亡否认系统,这些系统的支柱源自人

⊖ 笔者认为,这是一种人通过与自然相结合而延续生命的方式。比如,一些印度人会在死后让亲属将自己的骨灰撒入恒河。

类的两大古老信念：

1. 人类是强大的，也是脆弱的

正是对个体独特性的认可与追求，使得个体得以忍受由自我渺小与世界宏大的对比带来的不安感。独特性带来一种勇气，激发了人类的潜力，人们开始试图通过自身努力来获得权力、地位、金钱与控制感，以期进一步缓解死亡带来的焦虑。

但是与此同时，许多人又畏惧成功，甚至被成功"击垮"，人本主义心理学家马斯洛称之为"约拿[⊖]情结"，这种情结来源于心理动力学理论上的一个假设，"人不仅害怕失败，也害怕成功"，表现为在面对机遇与成功时的一种自我逃避。马斯洛认为，我们和约拿一样，无法承受个人的伟大。一个人若是成为"自己的神"，就意味着彻底的孤独，需要一个人单独赤裸地面对宏大虚无的

⊖ 约拿是耶罗波安（以色列王）二世在位的时候（约公元前790～前749年）的先知。根据《圣经》故事，约拿在完成了神托付的一件大使命以后，把自己隐藏起来，不让人纪念他，觉得自己名不副实；他认为自己做工作是不得已的，是蒙了神的大恩才完成的，所以想把众人的目光引到神那里去。

世界——一个没有救世主，没有群体，没有依伴的世界。

2. 人类受到终极拯救者的保护

为了对抗充满不确定性的宏大世界，人类通常会衍生出"终极拯救者"的信念，这一信念在世界各地的宗教体系中屡见不鲜。这一信念给人以安全感——世界上存在一股强大的超自然力量，会救世人于水火之中。

但是这种信念体系同样很容易崩溃。当个体无法在困境中脱身，"拯救者"没有如期降临时，巨大的愤怒与绝望喷涌而出，"拯救者"往往首当其冲，于是"神灵"被拽下神坛，"神庙"被万人倾推。人们的愤怒与其说源自"拯救者"的无所作为，不如说源自对于"拯救者"神话破灭的失落。

这两种信念从古老文明的时代就扎根在人类的内心，成千上万年来相互缠绕，直至盘根错节。人类需要一个终极拯救者来崇拜，但是当终极拯救者无法拯救人类时，人类就会将其毁灭。所以拯救者虽然从表面上看是全知全能、为人所敬仰的存在，但他其实是人类的奴仆，一旦无法满足个体的需要，就会被抛弃与毁灭。

老年人眼中的死亡

在英文中，"凡人"一词写作"mortal being"。其中 mortal 意为"终将死亡的，不能永生的"，being 意为"存在"，合起来就是"终将死亡的存在"。从童年至晚年，死亡一直潜伏在我们生命的角落。

那么，随着逐渐走向生命的终章，老年人是如何看待死亡的呢？

就死亡态度而言，我们可以将其分为死亡恐惧与死亡接受两部分来看待。

拉什长老会－圣卢克医疗中心的福特纳（Fortner）和孟菲斯大学的内迈耶（Neimeyer）对老年人死亡态度的研究发现，年轻人的死亡恐惧水平很高，中年人的死亡恐惧水平最高，而老年人的死亡恐惧水平是最低的。研究者总结了多种死亡恐惧的影响因素后发现，有以下几种特质的老年人死亡恐惧水平较高。

1. 存在较多身体健康问题。
2. 有心理疾病史。
3. 缺少宗教信仰。
4. 自我整合、生命满意度或韧性水平较低。

美国研究者麦科斯菲尔德（Maxfield）通过研究发现，与其他年龄段相比，60岁以上老年人的死亡接受度更高，面对死亡时有一种更为积极与开放的心态。

除此之外，上海市老年学学会的马千里和高恩惠在研究122位老年人对安乐死的态度时发现，79.8%的老年人赞成如下说法：若是老年患者本人提出安乐死，他们的要求应当得到尊重。可见，多数老年人并不恐惧死亡。四川大学华西医院的陈茜、王业钊和李程也发现了类似的结果，而且发现，多数老年人（69.8%）对自己的生活较为满意，而生活满意度高的老年人对待安乐死的态度也更为积极。这说明，生命的圆满或许是消除死亡恐惧的关键因素。

根据社会情绪选择理论，即使面对死亡，老年人也会尽可能去关注积极的因素，而不会困于忧虑与焦虑之中。麦科斯菲尔德的研究发现，在要求实验参与者填写有关死亡（死亡凸显组）或者有关牙痛（控制组）的问卷以后，在年轻人中，相对于控制组而言，死亡凸显组中的参与者对违反道德行为的人施加的惩罚更加严厉。而老年人的控制组与死亡凸显组实施惩罚的严厉程度不存在明显的区别。对于死亡的提醒可能增加了年轻人的焦虑等消极情绪，对他人违规采取更加严厉的惩罚措施则可能有助于释放这种焦虑情绪。而老年人之所以没有受到死亡凸显的影响，也许就是因为他们更善于主动调节情绪、避免自己陷入死亡焦虑。

可见，年轻人与老年人在死亡凸显后采取的应对方式并不一致，老年人对死亡焦虑拥有更高的免疫力；这也进一步表明老年人对死亡的态度相对更加积极，对死亡的恐惧水平以及感受程度更低。

达到自我的整合与生命的圆满是消融死亡恐惧的真正路径。回望一生，虽有缺憾，却不枉人间走一趟。作为一个真正活过的人，写完了自己的人生故事之书，画上句号时，心中虽有不舍，但更多的应是平静与宽慰吧。

好好地活着，认真地生活，便是我们能从这些积极的老年人身上学到的宝贵一课。

在死亡之下体味生活

"Memento mori"是源于古罗马时期的一句拉丁文谚语，意为"不要忘记你将死亡"。

斯多葛学派认为，死亡是一生中最重要的事件。学会好好活着，才能学会好好死去；反之，学会好好死去，才能学会好好活着。

人要学会在死亡之下体味生命，这意味着永远牢记死亡于心，对于生命中的一切礼赠心存感恩。永远牢记：生命不是我们应得的，活着是恩赐。生命与死亡并非对立，死亡是生命的必经之路，与青春期一样，都是生命的一次蜕变，是痛苦但又美丽的过程。

　　对死亡的觉察是一种对于核心之物与附属之物的"边界"的觉察，可以催生人们对生命本质与世界本质的探寻，使人们摆脱琐事的束缚，从而获得难以言说的对生命的真正体悟。正如社会情绪选择理论所言，当生命的脆弱性无可避免地展露在我们面前时，我们才能看清什么才是生命中最重要的事物，才会有更强烈的动机去寻找积极的情感与满意的生活。

　　有时，致命的疾病与濒死的体验会唤起人们对生命的真正认知与体悟。但是这种体悟的产生往往由于为时已晚而染上了悲伤与遗憾的色彩。其实让人悲伤的并非死亡，而是有些人从来没有好好活过——这是一种"存在性内疚"，是我们因为没有活出应有的人生而对自己施加的伤害。

　　愿每一个人都能像尼科斯·卡赞察基斯（Nikos Kazantzakis）所说的，像一个饱足的客人，离开生命的宴席。希望每一个人都能同时获得对生命的欢欣与对死亡的坦然。

参考文献

[1]   亚隆. 存在主义心理治疗 [M]. 北京：商务印书馆，2015.

[2]   CARSTENSEN L L, ISAACOWITZ D M, CHARLES S T. Taking time seriously：a theory of socioemotional selectivity [J]. American Psychologist，1999，54(3)：165-181.

[3]   FORTNER B V，NEIMEYER R A. Death anxiety in older adults：a quantitative review [J]. Death Studies，1999，23(5)：387-411.

[4]   MATHER M，CANLI T，ENGLISH T，et al. Amygdala responses to emotionally valenced stimuli in older and younger adults [J]. Psychological Science, 2004，15(4)：259-263.

[5]   MAXFIELD M，PYSZCZYNSKI T，KLUCK B，et al. Age-related differences in responses to thoughts of one's own death：mortality salience and judgments of moral transgressions [J]. Psychology and Aging, 2007，22(2)：341-353.

第 19 章

与君同舟渡

终点与别离

强袁嫣 整理

丧失

人在一生中，除了自己必经的死亡，还会途经许许多多他人的死亡，经历一场场丧失，面对一场场告别。

丧失是我们生命中无法避免的过程。从童年到晚年，人的一生都在告别，告别我们的过去，也告别过去存在于我们生命中的人。一个人的生命越长，需要告别的人、事、物就越多。

丧失重要的他人为何会给我们带来痛苦？

人是所有社会联系的总和。任何重要他人与

我们都是相互联结的整体，重要他人的死去，就是"我们"的一部分的死去，丧钟永远为我们而鸣。失去父母让我们意识到生命的脆弱性：父母不再是我们的"拯救者"，我们与自己的坟茔之间，再也没有隔断；失去伴侣让我们意识到生命的孤独：即使我们努力在世间相伴而行，但是死亡终究是单独降落的鸟，每个人最终都在人生道路上踽踽独行；失去子女常常是大多数人最痛苦的丧失，是对我们能力局限性的提醒，也意味着生物学"永生"模式的失败。

丧失不是一件我们可以忘记或者抛诸身后的事情，它本身就是一个带有能量的个体化过程。

痛苦是改变的契机。亲历如此磨难之后，我们变得更坚韧，有更强的理解力和同情心，甚至会改变原本的价值观，更关注人与人的关系和生活的意义，从而获得更明智、更慈悲的头脑。

一些经历丧失的人们以为，唯有彻底忘记自己所爱的人才能走出痛苦，随后却反被遗忘引发的罪恶感折磨。其实，我们与逝者的关系仍在继续，只是方式完全不同。我们想象他们的身体依

然在世，我们疑惑他们是否感到孤独、寒冷或者
恐惧。我们在自己的思想里与他们对话，让他们
在生活中大大小小的事情上给我们指引。我们在
街上寻找他们，通过听他们爱听的音乐或者闻他
们的衣服与他们相联。

　　逝者依然存在于我们的生活里，虽然不是以
肉身形式存在，但是他们带给我们的感受、影响，
将伴随我们的余生。将来，或许也会有人"带着"
我们走下去。人类的历史汇聚成一条奔腾的长河，
河流之中，是上下千万年间无数条温柔缠绕的生
命。如果我们理解了这一点，或许那些几近吞没
我们的悲伤情绪就会变成一种安慰。

临终

　　如何才能好好走到生命的终点？

　　曾经的人类面对死亡束手无策。随着医学的
进步，我们逐渐可以从死神手中抢夺生命。漫长
的拉锯战是否适用于对所有濒死者的救治？我们
应当如何看待临终关怀这一命题？

2010 年的一项调查显示，中国民众对临终关怀的了解程度位列 40 个国家中的最后一名。在医疗实践中，对死亡的避讳态度往往造成临终患者、医生和家属之间互相隐瞒、互相揣度的局面。医生担心直接透露真实病情会刺激病人，因而选择将真实情况告知家属，由家属决定是否告知患者。一些家属选择向患者隐瞒真实病情，甚至编造善意的谎言，以鼓励患者乐观生活，却最终导致患者对自己即将面临的情况毫不知情，错失实现遗愿的机会，并未能做好面对死亡的必要心理准备，往往在意外、恐慌、痛苦中度过最后的时光。

2008 年，美国国家癌症研究所（National Cancer Institute）的一项研究发现，使用机械呼吸机、接受胸外按压或在临终时住在重症监护室里的癌症患者，其生命质量在去世前的一周中相比于其他患者要差很多。直到走到生命终点之时，这些患者可能都没有意识到这一点；而且处在意识混沌之中，他们没有机会去弥补生前的遗憾，也无法对着爱人好好说一句："再见，别难过。"

舍温·努兰（Sherwin Nuland）在《死亡的脸》

(*How We Die*)中曾言:"我们之前的历代先人预期并接受了自然最终获胜的必要性。医生远比我们更愿意承认失败的征兆,他们也远不像我们这么傲慢,所以不会否认失败。"

医学的进步赋予了人类阿斯克勒庇俄斯[⊖]的力量,同时剥夺了人类面向生命与世界的谦卑。不愿承认也不愿相信医学力量的有限性,招致一桩桩悲剧的往往正是这种傲慢。

凡事关乎生死,必然沉重,但"生好死坏"未必是一个在所有情境中都成立的命题。

在什么样的情况下必须不惜一切进行医疗救治?在什么样的情况下更宜选择善终服务?在标准医疗和善终护理之间,在优先延长生命与保证生命质量之间应该如何选择?毋庸置疑,选择是艰难的。

临终者难以选择,因为我们的生命从来不是独属于一个人的。我们降生时如同白纸,在尘世间濡染爱与责任,生活在我们出生时就存在于并参与编织的情感网络之中。我们活着,作为自

⊖ 希腊神话中的医药之神,以医术精湛闻名,甚至能起死回生。

然人，也作为社会人。一些临终患者顽强求生，是因为他们深爱自己的亲人，希望自己能如他们所愿坚持下去。到最后，竟不知是谁在达成谁的心愿。这份背负着痛苦的坚持，散发出的人性与爱的光辉是如此耀眼。

亲属同样难以选择。亲属往往避免与患者谈论关于死亡的艰难话题。他们一方面不舍自己所爱之人离开人世，另一方面也不愿看到患者日日受尽折磨。面对患者的日渐衰弱，亲属往往害怕自己做得太少。但人们总会忽略的是，做得太多同样可能造成毁灭性的伤害。

善终服务并非无所作为。标准医疗与善终护理的根本区别在于优先顺序的不同，前者选择生命的长度，后者选择生命的质量。

标准医疗是一种战斗。为了与死亡对抗，它会选择通过手术、药物、化疗等手段将患者从死神的手中抢夺回来，如狄兰·托马斯（Dylan Thomas）在诗歌《不要温和地走进那个良夜》中所言：

不要温和地走进那个良夜，老年应当在日暮时燃烧咆哮；怒斥，怒斥光明的消逝。虽然智慧的人临终时懂得黑暗有理，因为他们的话没有迸发出闪电，他们也并不温和地走进那个良夜。……您啊，我的父亲。在那悲哀的高处。现在用您的热泪诅咒我，祝福我吧。我求您不要温和地走进那个良夜。怒斥，怒斥光明的消逝。[○]

但是，标准医疗可能将人最后的生命时光束缚在病床之上，目光所及限于天地一隅。患者可能会在意识混沌中模模糊糊地离去，错过与亲朋好友最后的告别。

标准医疗常常因此受到许多专家的指摘。追求生命延长的可能性并没有什么错，麻烦在于，如果整个医疗体系都围绕着这个或许微弱的可能性建立，就会造成路径依赖，标准医疗与全力救治成为临终者生命最后旅程的默认选项，导致人们在没有思考自身与他人生命优先事项的情况下就潦草做出选择。

虽然同样避免不了争议，但是善终服务的确提供了一种全新的看待死亡的视角与生命选项。

[○] 选自巫宁坤译本。

它体现的是面向谦卑与坦然的回归，是人们对于生命自始至终全过程的承认与尊重。

2010年，美国麻省总医院开展的一项里程碑研究发现，相比于只接受常规肿瘤治疗的肺癌患者，在接受肿瘤治疗的同时还接受姑息治疗专家访问的患者更早停止化疗，开始接受善终服务，而且在生命终期感受到的痛苦更少，更令人吃惊的是，他们的中位生存期⊖相比于常规治疗组延长了1/4。这似乎表明，善终服务可能并不会提早结束患者的生命；相反，它更可能在提升患者生命质量的同时延长其生命。

圆满

我们的人生是由一篇篇故事组成的。我们在不同的地点、不同的时间，记录下不同的经历，并最终在某一时刻写下结局，为人生画下最终的句号。

⊖　同一种疾病患者生存期按时间排列，位于总人数中位的个体的生存时间。

对于故事而言，结局是最重要的。

正如卡尼曼（Kahneman）的"峰终定律"（peak-end rule）所表明的那样，人们对于一段体验的记忆来自过程中体验最强烈的时刻和最后时刻。人在晚年所体验到的一切在很大程度上决定了其生命的底色与基调。

如何走向生命圆满的终点，需要思考，更需要勇气。因为生命最后阶段的每一次选择，都可能是一次丧失、一次错误；每一次的选择，都可能经历痛苦的交流与纠结。一次选择可能缩短宝贵的生命，也可能延长痛苦的错误。即便如此，逃避也从来不是正确的解决方案。

那我们究竟应该怎么做？

1. 临终者 临终者需要做的，是去思考自己的人生，思考自己人生中的优先事项是什么。比如，在你最后的人生阶段里，你想要和你的家人们待在一起吗？想要吃一吃很久没有尝过的冰激凌吗？想去一个年轻时一直想去却没有去成的地方吗？每个人都有权利掌控并书写自己故事的结尾。

2. 临终讨论专家　临终讨论专家的任务并不是给临终者提供大量信息，呈现事实和选项，让他们做出选择。他们的任务是帮助临终者应对各种各样的焦虑——对于生命即将走到尽头的焦虑，将和所爱之人永远分别的焦虑。临终讨论专家与临终者的谈话被称为"断点讨论"（breakpoint discussion），即通过一系列的谈话来确定什么时候开始从争取更多的存活时间转变为争取临终者更为珍视的事物。

3. 家人　抵达终点之前，家人要学会尊重临终者的意愿，陪伴他们完成最后的心愿，走完生命最后的历程。在最后的这段岁月中，亲属的痛苦与悲伤同样是不可避免的，但是除了悲伤，家人更应该好好珍惜剩下的时光，握住临终者的手，告诉他你一直在身边，会一直陪伴他。这会让双方都拥有更多勇气去走完生命的最后里程。

我们每个人都必然会在未来的某一天陪某个人或在某个人的陪伴下迈向生命终点。希望那时的我们都不会恐惧，都能为自己写下一个完满的结局。

愿你一生温暖纯良，不留遗憾。

《别告诉她》：如何应对家中长辈的生命末期

《别告诉她》这部电影讲述了一个家庭在中西文化冲突背景下应对家中长辈生命末期的故事。

电影中的奶奶被诊断为癌症晚期，只剩下几个月的寿命。家里人决定向她隐瞒真实的病情，并借着孙子婚礼的名义让所有家人回来团聚看望她。但是在西方文化背景下长大的女主角碧莉认为，让奶奶知悉病情才是对奶奶的尊重。

决定向奶奶隐瞒实情的家里人和决定告诉奶奶真相的碧莉都有着自己的理由。家里人认为这是一种善意的谎言，瞒着奶奶也许能让她在心态上更加轻松平常地度过最后这段时间，不会有太大的压力。但是碧莉认为，无论如何这对奶奶来说都是一种欺骗，告诉奶奶真实的情况，她也许还能去做一些想做但还没来得及做的事，也有充分的机会和家人朋友告别。

这种分歧可能源于中西方文化对待死亡和家人的不同观念态度。在中国，生命不仅仅是

个人的，也是属于集体的、家庭的。在我们的
传统文化中，死亡从来就是一个禁忌话题，对
死亡恐惧的回避是一种潜移默化、自然而然的
集体意识。

　　在影片的最后，碧莉理解和顺从了家人的
善意谎言。婚礼结束之后，碧莉就要离开了，
与毫不知情的奶奶在楼下分别时那个长长的拥
抱可能会成为她们最后的共同回忆。

　　隐瞒还是坦白？这可能并非一个能够简单
判定的问题。在不同的文化中，在不同的家庭
里，可能有着不同的答案。

参考文献

[1]　亚隆. 存在主义心理治疗 [M]. 北京：商务印书馆，
　　　　2015.

[2]　葛文德. 最好的告别：关于衰老与死亡，你必须知道
　　　　的常识 [M]. 杭州：浙江人民出版社，2015.

[3]　霍克. 改变心理学的 40 项研究 [M]. 北京：人民邮
　　　　电出版社，2014.

[4]　CARSTENSEN L L，ISAACOWITZ D M，CHARLES
　　　　S T. Taking time seriously：a theory of socioemotional

selectivity [J]. American Psychologist, 1999, 54(3): 165-181.

[5] COZZOLINO P J, SHELDON K M, SCHACHTMAN T R, et al. Limited time perspective, values, and greed: imagining a limited future reduces avarice in extrinsic people [J]. Journal of Research in Personality, 2009, 43(3): 399-408.

[6] ERIKSON E H. The life cycle completed [M]. New York: Norton, 1982.

科学教养

硅谷超级家长课
教出硅谷三女杰的 TRICK 教养法
978–7–111–66562–5

自驱型成长
如何科学有效地培养孩子的自律
978–7–111–63688–5

父母的语言
3000 万词汇塑造更强大的学习型大脑
978–7–111–57154–4

有条理的孩子更成功
如何让孩子学会整理物品、管理
时间和制订计划
978–7–111–65707–1

聪明却混乱的孩子
利用"执行技能训练"提升孩子
学习力和专注力
978–7–111–66339–3

欢迎来到青春期
9–18 岁孩子正向教养指南
978–7–111–68159–5

学会自我接纳
帮孩子超越自卑，走向自信
978–7–111–65908–2

叛逆不是孩子的错
不打、不骂、不动气的温暖教养术
（原书第 2 版）
978–7–111–57562–7

养育有安全感的孩子
978–7–111–65801–6

超越原生家庭

超越原生家庭（原书第4版）

作者：（美）罗纳德·理查森 ISBN：978-7-111-58733-0

一切都是童年的错吗？
全面深入解析原生家庭的心理学经典，全美热销几十万册，已更新至第4版！

不成熟的父母

作者：（美）琳赛·吉布森 ISBN：978-7-111-56382-2

有些父母是生理上的父母，心理上的孩子。
如何理解不成熟的父母有何负面影响，以及你该如何从中解脱出来。

这不是你的错：海灵格家庭创伤疗愈之道

作者：（美）马克·沃林恩 ISBN：978-7-111-53282-8

海灵格知名弟子，家庭代际创伤领域的先驱马克·沃林恩力作。
海灵格家庭创伤疗愈之道，自我疗愈指南。荣获2016年美国"鹦鹉螺图书奖"！

母爱的羁绊

作者：（美）麦克布莱德 ISBN：978-7-111-513100

爱来自父母，令人悲哀的是，伤害也往往来自父母，
而这爱与伤害，总会被孩子继承下来。

拥抱你的内在小孩：亲密关系疗愈之道

作者：（美）罗西·马奇-史密斯 ISBN：978-7-111-42225-9

如果你有内在的平和，那么无论发生什么，你都会安然。

心身健康

《谷物大脑》

作者：[美] 戴维·珀尔玛特 等 译者：温旻

樊登读书解读，《纽约时报》畅销书榜连续在榜55周，《美国出版周报》畅销书榜连续在榜超40周！
好莱坞和运动界明星都在使用无麸质、低碳水、高脂肪的革命性饮食法！
解开小麦、碳水、糖损害大脑和健康的惊人真相，让你重获健康和苗条身材

《菌群大脑：肠道微生物影响大脑和身心健康的惊人真相》

作者：[美] 戴维·珀尔玛特 等 译者：张雪 魏宁

超级畅销书《谷物大脑》作者重磅新作！
"所有的疾病都始于肠道。"——希腊名医、现代医学之父希波克拉底
解锁21世纪医学关键新发现——肠道微生物是守护人类健康的超级英雄！
它们维护着我们的大脑及整体健康，重要程度等同于心、肺、大脑

《谷物大脑完整生活计划》

作者：[美] 戴维·珀尔玛特 等 译者：闫佳

超级畅销书《谷物大脑》全面实践指南，通往完美健康和理想体重的所有道路，都始于简单的生活方式选择，你的健康命运，全部由你做主

《生酮饮食：低碳水、高脂肪饮食完全指南》

作者：[美] 吉米·摩尔 等 译者：陈晓芮

吃脂肪，让你更瘦、更健康。风靡世界的全新健康饮食方式——生酮饮食。两位生酮饮食先锋，携手22位医学/营养专家，解开减重和健康的秘密

《第二大脑：肠脑互动如何影响我们的情绪、决策和整体健康》

作者：[美] 埃默伦·迈耶 译者：冯任南 李春龙

想要了解自我，从了解你的肠子开始！拥有40年研究经验、脑-肠相互作用研究的世界领导者，深度解读肠脑互动关系，给出兼具科学和智慧洞见的答案

更多>>>

《基因革命：跑步、牛奶、童年经历如何改变我们的基因》 作者：[英] 沙伦·莫勒姆 等 译者：杨涛 吴荆卉
《胆固醇，其实跟你想的不一样！》 作者：[美] 吉米·摩尔 等 译者：周云兰
《森林呼吸：打造舒缓压力和焦虑的家中小森林》 作者：[挪] 约恩·维姆达 译者：吴娟